THE EQUIPMENT RULES OF SAILING FOR 2017-2020

帆船器材规则 2017-2020

世界帆船运动联合会 编著

总编译：曲 春
编 审：康 鹏
翻 译：辛 婧 宋佳凡
校 对：周广达 张春尧

中国海洋大学出版社
·青岛·

World Sailing

As the leading authority for the sport, World Sailing promotes and supports the protection of the environment in all sailing competition and related activities throughout the world.

Contact Details for the World Sailing Executive Office:

Ariadne House
Town Quay
Southampton
Hampshire SO14 2AQ
UK

Tel: +44 (0) 23 8063 5111
Fax: +44 (0) 23 8063 5789
Email: office@sailing.org

sailing.org

Published by World Sailing (UK) Ltd., Southampton, UK
© World Sailing Ltd.

世界帆船运动联合会

作为帆船运动的领导机构，世界帆联在全球所有帆船竞赛和相关活动中推行并支持环境保护。

世界帆联执委会办公室联络信息：

Ariadne House
Town Quay
Southampton
Hampshire SO14 2AQ
UK

Tel: +44 (0) 23 8063 5111
Fax: +44 (0) 23 8063 5789
Email: office@sailing.org

网站：sailing.org

World Sailing (UK) Ltd., Southampton, UK 出版
© World Sailing Ltd.

INTRODUCTION

The Equipment Rules of Sailing include and refer to:
- Rules for use of equipment.
- Definitions of equipment, measurement points and measurements for use in **class rules** and other rules and regulations.
- Rules governing **certification control** and **equipment inspection**.

Applicability

The ERS are *rules* only if they are invoked by:
 (a) **Class Rules**.
 (b) Adoption in the notice of race and sailing instructions.
 (c) Prescriptions of an MNA for races under its jurisdiction.
 (d) World Sailing Regulations, or
 (e) Other documents that govern an event.

Terminology

A term used in its defined sense is printed in "**bold**" if defined in the ERS and in "*italic*" if defined in the RRS. Other words and terms are used in the sense ordinarily understood in nautical or general use in English.

Abbreviations

 MNA World Sailing Member National Authority
 ICA International Class Association
 NCA National Class Association
 ERS The Equipment Rules of Sailing
 RRS The Racing Rules of Sailing

导　言

《帆船器材规则》包括并涉及：
- 器材使用的规则；
- 器材的定义、丈量要点、**级别规则**中使用的丈量以及其他规则和规定；
- **证书管控**与**器材检查**执行的规则。

适用范围

ERS 只有在以下方式中使用时方为*规则*：

(a) 级别规则；
(b) 采用于竞赛通知和航行细则中；
(c) MNA 管辖范围内的竞赛中的规定；
(d) 世界帆联规章，或者
(e) 赛事执行的其他文件。

术语

与 ERS 中所述定义相同的术语用"**粗体**"印刷，RRS 中所述的定义用"*斜体*"印刷。其他词汇与术语以航海或通用英语中的常规理解使用。

缩写

MNA　世界帆联成员国国家管理机构
ICA　　国际级别协会
NCA　　国家级别协会
ERS　　帆船器材规则
RRS　　帆船竞赛规则

Revision

The Equipment Rules are revised and published every four years by World Sailing, the international authority for the sport. This edition becomes effective on 1 January 2017 except that for an event beginning in 2016 the date may be postponed by the Notice of Race and Sailing Instructions. Changes to the Equipment Rules are permitted under World Sailing Regulations 29.1.1 and 29.1.2. No changes are contemplated before 2020, but any changes determined to be urgent before then will be announced through National Authorities and posted on the World Sailing website (sailing.org).

Changes

The ERS may only be changed as follows:

(a) Prescriptions of an MNA may change a rule in ERS Part 1, for races under its jurisdiction.

(b) **Class rules** may change ERS rules as permitted by rule A.1.

These restrictions do not apply if rules are changed to develop or test proposed rules in local races. The MNA may prescribe that its approval is required for such changes.

Marginal markings indicate substantial changes to the 2013 – 2016 edition.

修订

本器材规则由帆船运动的国际管理机构——世界帆联负责每四年进行修订和出版。除了2016年开始的被竞赛通知和航行细则推迟的赛事外，本规则版本于2017年1月1日起生效。根据世界帆联规章29.1.1和29.1.2，允许对器材规则进行更改。2020年前对本规则无意进行修改，但在此之前被认定需紧急修改的地方将通过国家管理机构公布并在世界帆联网站（sailing.org）发布。

更改

ERS只能在以下情况中进行更改：

（a）世界帆联成员国国家管理机构的规定可以在其管理下的竞赛中更改ERS第一章的规则。

（b）在规则A.1的允许下，**级别规则**可以更改ERS规则。

如果规则的更改是为发展或测试地方赛事中被提议的规则，那么这些限制不适用。MNA可能规定这些更改需获得其许可。

页边标记表明该处是对2013-2016版本的重要修改。

CONTENTS

Part 1 – Use of Equipment

Section A – During an Event 1
Section B – While Racing 2

Part 2 – Definitions

Section C – General Definitions 3
Section D – Hull Definitions 10
Section E – Hull Appendage Definitions 12
Section F – Rig Definitions 14
Section G – Sail Definitions 31
    Subsection A – Trilateral Sails 31
    Subsection B – Additions for Other Sails 46

Part 3 – Rules Governing Equipment Control and Inspection

Section H – Equipment Control and Inspection 49

Appendix 1

Racing Rules that govern the use of equipment 55

Appendix 2

Abbreviations for primary sail dimensions 57

Index of Defined Terms

目 录

第一章 器材的使用
A 节 赛事期间 …………………………………… 1
B 节 竞赛中 ……………………………………… 2

第二章 定义
C 节 一般定义 …………………………………… 3
D 节 船体的定义 ………………………………… 10
E 节 船体附属物的定义 ………………………… 12
F 节 帆具的定义 ………………………………… 14
G 节 帆的定义 …………………………………… 31
  A 小节 三角形的帆 …………………………… 31
  B 小节 其他帆的补充 ………………………… 46

第三章 器材管控和检查执行的规则
H 节 器材管控和检查 …………………………… 49

附录 1
器材使用执行的竞赛规则 ………………………… 55

附录 2
帆的主要参数的缩写 ……………………………… 57

定义索引

PART 1 – USE OF EQUIPMENT

In addition to the rules in Part 1, **class rules** and the *Racing Rules* of Sailing contain rules governing the use of equipment. Appendix 1 provides a list of those racing rules.

Section A – During an Event

A.1 CLASS RULES
Class rules may change rules B.1, B.2 and B.3.

A.2 CERTIFICATE

A.2.1 Having a Certificate
The **boat** shall have such valid **certificate** as required by its **class rules** or the **certification authority**.

A.2.2 Compliance with a Certificate
The **boat** shall comply with its **certificate**.
See also RRS rule 78 Compliance with Class Rules; Certificates.

第一章　器材的使用

除第一章的规则外，**级别规则**和*帆船竞赛规则*包含了器材使用执行的规则。附录 1 列出了这些竞赛规则。

A 节　赛事期间

A.1　级别规则

级别规则可以更改 ERS 规则 B.1、B.2 和 B.3。

A.2　证书

A.2.1　持有证书

船需持有其**级别规则**或**认证管理机构**要求的有效证书。

A.2.2　遵守证书

船需遵守其**证书**。

参见 RRS 78，遵守级别规则；证书。

Section B – While Racing

B.1 POSITION OF EQUIPMENT

B.1.1 Mast Upper Limit Mark

(a) TRILATERAL MAINSAIL
The **sail** shall be below the **mast upper limit mark**.

(b) QUADRILATERAL MAINSAIL
The **throat point** shall be below the **mast upper limit mark**.

B.1.2 Mast Lower Limit Mark

When a **sail** is set on a **main boom, foremast boom** or **mizzen boom**, the extension of the upper edge of the **spar** shall intersect the mast **spar** above the **mast lower limit mark**, with the boom **spar** on the mast **spar** centreplane and at 90° to the mast **spar**.

B.1.3 Boom Outer Limit Mark

The **leech** of any **sail** set on a **boom**, extended as necessary, shall intersect the upper edge of the boom **spar** forward of the **boom outer limit mark**.

B.1.4 Bowsprit Outer Limit Mark

The **tack** of any **headsail** set on a **bowsprit** shall be attached aft of the **bowsprit outer limit mark**.

B.1.5 Bowsprit Inner Limit Mark

The **bowsprit inner limit mark** shall not be outboard the **hull** when the **bowsprit** is set.

B.2 HEADSAIL BOOMS

The fore end of a **headsail boom** shall be approximately on the **boat** centerplane.

B.3 SPINNAKER STAYSAILS AND MIZZEN STAYSAILS

The **tack** of a spinnaker staysail or **mizzen** staysail shall be inboard the **sheerline**

B 节 竞赛中

B.1 器材的位置

B.1.1 桅杆上部限制标记

（a）三角形主帆

帆需位于**桅杆上部限制标记**以下。

（b）四边形主帆

前帆边上角需位于**桅杆上部限制标记**以下。

B.1.2 桅杆下部限制标记

当帆安装在主帆杆、前桅帆杆或后桅帆杆上时，杆具上边缘的延长线需与桅杆杆具相交且相交点高于**桅杆下部限制标记**，此时帆杆杆具位于桅杆杆具的中线面上且与桅杆杆具成 90°。

B.1.3 帆杆外端限制标记

安装在**帆杆**上的任何**帆**的**后缘**，如需延长，需与帆杆杆具上边缘相交且相交点位于**帆杆外端限制标记**之前。

B.1.4 船首撑杆的外端限制标记

安装在**船首撑杆**上的任何前帆的前角需固定在**船首撑杆的外端限制标记**之后。

B.1.5 船首撑杆的内端限制标记

当伸出**船首撑杆**时，**船首撑杆的内端限制标记**不得位于船体之外。

B.2 前帆杆

前帆杆的前端需大致位于**船**的中线面上。

B.3 球帆支索帆和后桅支索帆

球帆支索帆或**后桅支索帆**的**前角**需位于**舷弧线**之内。

PART 2 – DEFINITIONS

Section C – General Definitions

C.1 CLASS

C.1.1 Class Authority
The body that governs the class as specified in the **class rules**.

C.2 RULES

C.2.1 Class Rules
The rules that specify:

 the **boat** and its use, **certification** and administration, the **crew**.

 personal equipment and its use, **certification** and administration.

 portable equipment and its use, **certification** and administration.

 any other equipment and its use, **certification** and administration.

 changes to the *Racing Rules of Sailing* as permitted by RRS 86.1(c).

The term includes rules of handicap and rating systems.

C.2.2 Closed Class Rules
Class rules where anything not specifically permitted by the **class rules** is prohibited.

C.2.3 Open Class Rules
Class rules where anything not specifically prohibited by the **class rules** is permitted.

第二章 定义

C 节 一般定义

C.1 级别

C.1.1 级别管理机构

管理**级别规则**指定的级别的主体。

C.2 规则

C.2.1 级别规则

此规则详细规定了:

船及其用途、**证书**和管理。

船员。

个人装备及其用途、**证书**和管理。

便携式装备及其用途、**证书**和管理。

其他**装备**及其用途、**证书**和管理。

RRS 86.1(c)允许更改的《帆船竞赛规则》。

术语包括让分制与等级系统规则。

C.2.2 封闭式级别规则

级别规则没有明确允许的事情即为禁止的那类**级别规则**。

C.2.3 开放式级别规则

级别规则中没有明确禁止的事情即为允许的那类**级别规则**。

C.2.4 Class Rules Authority
The body that provides final approval of the **class rules**, **class rule** changes and **class rule** interpretations.

C.3 CERTIFICATION

C.3.1 Certification Authority
World Sailing, the MNA in the country where the **certification** shall take place, or their delegates.

C.3.2 Certify / Certification
To issue a **certificate**, or apply a **certification mark** after successful **certification control**.

C.3.3 Certificate
Documentary proof of successful **certification control** as required by the **class rules** or a **certification authority**.

For the **hull**: issued by World Sailing, the MNA of the owner, or their delegates.

For other items: issued by the **certification authority**.

The term includes handicap and rating certificates.

C.3.4 Certification Mark
Proof of successful **certification control** of a part requiring **certification** applied as required by the **class rules** or a **certification authority**.

C.4 CERTIFICATION CONTROL AND EQUIPMENT INSPECTION
See H.1 and H.2.

C.4.1 Fundamental Measurement
The methods used as the primary means to establish the physical properties of equipment.

C.4.2 Certification Control
The methods used as means of equipment control required by **class rules**, or a **certification authority**, for **certification**.

C.2.4 级别规则管理机构

提供最终批准的**级别规则**、**级别规则**更改和**级别规则**解释的主体。

C.3 证书

C.3.1 证书管理机构

世界帆联，**证书**发出所在国家的 MNA 或其代表。

C.3.2 证明

完成**证书管控**后签发**证书**或发放**认证标记**。

C.3.3 证书

按照**级别规则**或**证书管理机构**的要求完成**证书管控**的证明文件。

对于**船体**：由世界帆联、船东所在的 MNA 或其代表签发。

对于其他部件：由**证书管理机构**签发。

术语包括让分制和等级证书。

C.3.4 认证标记

需要申领**证书**的某部件按照**级别规则**或**证书管理机构**的要求完成**证书管控**的证明。

C.4 证书管控和器材检查

参见 H.1 和 H.2。

C.4.1 基本丈量

用作确立器材物理特性的基本方法。

C.4.2 证书管控

用作**级别规则**或**证书管理机构**要求的对**证书**的器材管控的方法。

C.4.3 Equipment Inspection

Control carried out at an event as required by the notice of race and the sailing instructions which may include **fundamental measurement**.

C.4.4 Official Measurer

A person appointed or recognised, by the MNA of the country where the control takes place, to carry out **certification control** and when the **class rules** permit, **certification**. An MNA may have delegated this responsibility.

C.4.5 In-House Official Measurer

An **official measurer** appointed in accordance with the World Sailing In-House Certification Programme.

C.4.6 Equipment Inspector

A person appointed by a race committee to carry out **equipment inspection**.

C.4.7 Limit Mark

A clearly visible mark of a single colour, contrasting to the part(s) on which it is placed, indicating a measurement point.

C.4.8 Event Limitation Mark

A mark placed by a race committee on equipment whose replacement at the event is controlled by the **class rules**.

C.5 PERSONAL DEFINITIONS

C.5.1 Crew

A competitor, or team of competitors, that operates a **boat**.

C.5.2 Personal Equipment

All personal effects carried or worn and items worn on board to keep warm and/or dry, and/or to protect the body, **personal flotation device**, safety harnesses and hiking aids worn to keep the person aboard or afloat.

C.4.3 器材检查

竞赛通知和航行细则要求的在赛事中进行的管控,可以包括**基本丈量**。

C.4.4 官方丈量员

由执行管控所在地的 MNA 任命或认可的执行**证书管控**的人员,当**级别规则**允许时,签发证书。MNA 可以将这一职责进行委托。

C.4.5 厂内官方丈量员

根据世界帆联厂内认证项目任命的**官方丈量员**。

C.4.6 器材检查员

由竞赛委员会任命执行**器材检查**的人员。

C.4.7 限制标记

清晰可辨的单色标记,与其安装位置对比明显,用于指示丈量点。

C.4.8 赛事限制标记

由竞赛委员会在器材上安装的标志,表明该器材在赛事中的更换受**级别规则**约束。

C.5 个人定义

C.5.1 船员

操控船的选手或参赛队。

C.5.2 个人装备

所有个人携带或穿着的衣服,和用于船上穿着以保温和/或保持干燥和/或保护身体的物品、**个人漂浮装置**、安全挂钩和穿着以保证船员在船上或浮在水面的压舷辅助用具。

C.5.3 Personal Flotation Device
Personal equipment as required by the rules to assist the user to float in water.

C.6 BOAT DEFINITIONS
C.6.1 Boat
The equipment used by the **crew** to take part in a race. It includes:
- **hull(s)**,
- structure(s) connecting **hulls**,
- **hull appendage(s)**,
- **ballast**,
- **rig**,
- **sail(s)**,
- fittings,
- boat **corrector weights**, and
- all other items of equipment used.

but excludes
- consumables
- **personal equipment** and **portable equipment**.

C.6.2 Boat Types
(a) MONOHULL
A **boat** with one **hull**.
(b) MULTIHULL
A **boat** with more than one **hull**.
(c) WINDSURFER
A **boat**.
(d) KITE-BOARD
A **boat**.

C.5.3 个人漂浮装置

按照*规则*要求辅助使用者漂浮于水上的**个人装备**。

C.6 船的定义

C.6.1 船

船员用来参加竞赛的器材。包括：

船体，

连接**船体**的结构，

船体附属物，

压舱物，

帆具，

帆，

配件，

船只**校正重物**，和

使用的其他所有装备。

但不包括

消耗品

个人装备和**便携式装备**。

C.6.2 船型

（a）单体船

有一个**船体**的**船**。

（b）多体船

有一个以上**船体**的**船**。

（c）帆板

一种**船**。

（d）风筝板

一种**船**。

C.6.3 Boat Control Definitions

(a) MAJOR AXES
The three major axes of the boat at 90° to each other – vertical, longitudinal and transverse – shall be related to the baseline and the hull centreplane.
See H.3.

(b) MEASUREMENT TRIM
Trim achieved when two points on the **hull(s)** are at set distances perpendicular to a plane. The plane, the points and distances to be specified in **class rules**.

(c) FLOTATION TRIM
Trim achieved with the **boat** floating in accordance with H.7.1 – Conditions for Weight and Flotation Measurement.

(d) WATERLINE
The line(s) formed by the intersection of the outside of the **hull(s)** and the water surface when the **boat** is floating in **measurement trim**.

(e) WATERPLANE
The plane passing through the **waterline**.

(f) BALLAST
Weight installed to influence the stability, flotation or total weight of the **boat**.
Ballast types:
  (i) INTERNAL BALLAST
  Ballast positioned inside a **hull**.
  (ii) EXTERNAL BALLAST
  Ballast positioned outside a **hull**.

C.6.3 船只管控相关的定义

（a）主轴线

船的三条主轴线互成 90° 角——垂直的、纵向的和横向的——需与基准线和船体的中线面联系起来。参见 H3。

（b）丈量调校状态

当**船体**上的两个点垂直于平面的距离相等时达到的一种调校状态。此状态下涉及的平面、点和距离在**级别规则**中有所规定。

（c）漂浮调校状态

船在漂浮状态符合 H.7.1 的要求时的一种调校状态——重量和漂浮丈量的要求。

（d）水线

当**船**以丈量调校状态浮于水面上时，**船体**的外表面与水面的交汇点连成的线。

（e）水线面

穿过**水线**的平面。

（f）压舱物

安装的可以影响**船**的稳定性、浮力和总重量的重物。

压舱物的类型：

（i）内置压舱物

船体内放置的**压舱物**。

（ii）外置压舱物

船体外放置的**压舱物**。

(iii) MOVEABLE BALLAST
Internal **ballast** or external **ballast** that may be moved.
(iv) VARIABLE BALLAST
Water **ballast** the amount of which may be varied and which may also be moved.
(v) CORRECTOR WEIGHT
Weight installed in accordance with the **class rules** to correct deficiency in weight and/or its distribution.

C.6.4 Boat Dimensions

(a) BOAT LENGTH
The longitudinal distance between the aftermost point and the foremost point of the **boat**, excluding **sails**, with **spars** set as appropriate.
See H.3.4.

(b) BOAT BEAM
The transverse distance between the outermost points of the **boat**.

(c) WATERLINE LENGTH
The longitudinal distance between the aftermost point and the foremost point of the **waterline**.

(d) WATERLINE BEAM
The transverse distance between the outermost points of the **waterline**.

(e) DRAFT
The vertical distance between the **waterplane** and the lowest point of the **boat**.

(f) MINIMUM DRAFT
The **draft** with all **hull appendages** in their highest position.

（iii）可移动压舱物

可移动的内置**压舱物**或外置**压舱物**。

（iv）可变压舱物

总量可发生变化也可以移动的液态**压舱物**。

（v）校正重物

符合**级别规则**的用来校正重量不足／或重量分配的重物。

C.6.4 船只尺寸

（a）船长

船配备适当的**杆具**但不包括**帆**时，其最后丈量点和最前丈量点之间的纵向距离。

参见 H.3.4。

（b）船宽

船的最外丈量点之间的横向距离。

（c）水线长

水线最后丈量点和最前丈量点之间的纵向距离。

（d）水线宽

水线最外丈量点之间的横向距离。

（e）吃水深度

水线面与**船**的最低丈量点之间的垂直距离。

（f）最小吃水深度

所有**船体附属物**都处于最高位置时的**吃水深度**。

(g) MAXIMUM DRAFT
The **draft** with all **hull appendages** in their lowest position.

(h) BOAT WEIGHT
The weight of the **boat** excluding **sail(s)** and **variable ballast**.

(i) WINGSPAN
The maximum transverse distance between the outermost points of any **wings**.

(j) LIST ANGLE
The maximum angle of heel of the **boat**, measured relative to the **boat** floating upright, in the **condition for weight and flotation measurement** with **moveable ballast** moved fully to port or starboard.

C.6.5 Boat Age

(a) SERIES DATE
The date on which the first **boat** of the design or the production series was first launched, whichever is earlier. Series Date does not change if the **boat** is modified.

(b) AGE DATE
The date on which the **boat** was first launched, or the date on which the **boat** was re-launched following any hull shell modification, excluding the transom, whichever is the later.

C.6.6 Portable Equipment

Equipment permitted by **class rules** excluding:
the **boat**, **personal equipment**, and consumables.
Typical examples of portable equipment would include, mooring lines, paddles and bailers.

（g）最大吃水深度

所有**船体附属物**都处于最低位置时的**吃水深度**。

（h）船只重量

不包括**帆**和**可变压舱物**在内的**船**的重量。

（i）翼展

任何**翼**的最外丈量点之间的横向最大距离。

（j）横倾角

船的最大倾斜角度，即相对于**船**的直立漂浮状态，在**重量和漂浮丈量状态**下，**可移动压舱物**完全移动到左舷或右舷时所测量到的角度。

C.6.5 船龄

（a）系列日期

该设计的第一条**船**或生产系列的首次下水的日期，以较早的为准。若船有所改进，系列日期不变。

（b）船龄日期

船首次下水的日期，或该**船**不包括尾板的任何船壳改进后再次下水的日期，以较晚的为准。

C.6.6 便携式装备

级别规则允许的装备，不包括：

船、**个人装备**和**消耗品**。

便携式装备的典型例子包括锚绳、桨和水瓢。

Section D – Hull Definitions

D.1 HULL TERMS

D.1.1 Hull

The hull shell including any transom, the deck including any superstructure, the internal structure including any cockpit, the fittings associated with these parts and any **corrector weights**.

D.1.2 Sheerline

The line formed by the intersection of the top of the deck and the outside of the **hull** shell, each extended as necessary.

D.1.3 Sheer

The projection of the **sheerline** on the centreplane.

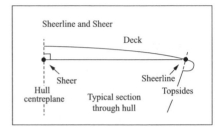

D.2 HULL MEASUREMENT POINTS

D.2.1 Hull Datum Point

A point on the **hull** specified in the **class rules** from which **hull** measurements can be taken.

D 节 船体定义

D.1 船体术语

D.1.1 船体

船壳包括所有尾板、包含上部结构在内的甲板、包含舱室在内的内部结构、与这些部分相关的配件以及所有**校正重物**。

D.1.2 舷弧线

甲板的顶部与**船体**外壳的外侧交点连成的线,若需要,两者均可延伸。

D.1.3 舷弧

舷弧线在中线面上的投影。

D.2 船体丈量点

D.2.1 船体基准点

级别规则中规定的**船体**上的某一个点,**船体**丈量可以此点为基准。

D.3 HULL DIMENSIONS

D.3.1 Hull Length
The longitudinal distance between the aftermost point and the foremost point on the **hull(s)**, excluding fittings.
See H.3.4.

D.3.2 Hull Beam
The maximum transverse distance between the outermost points of the **hull(s)** excluding fittings.

D.3.3 Hull Depth
The vertical distance between the **waterplane** and the lowest point of the **hull**.

D.4 WEIGHT

D.4.1 Hull Weight
The weight of the **hull**.

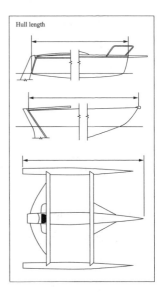

D.3 船体参数

D.3.1 船体长度

不包括配件的**船体**最后丈量点与最前丈量点之间的纵向距离。

参见 H.3.4。

D.3.2 船体宽度

不包括配件的**船体**最外丈量点之间的横向最大距离。

D.3.3 船体深度

水线面与**船体**最低点之间的垂直距离。

D.4 重量

D.4.1 船体重量

船体的重量。

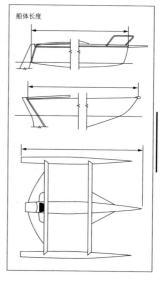

Section E – Hull Appendage Definitions

E.1 HULL APPENDAGE TERMS

E.1.1 Hull Appendage

Any item of equipment – including the items listed in E.1.2– which is:

wholly or partly below the **sheerline** or its extension when fixed or when fully exposed if retractable,

attached to the hull shell or another **hull appendage**, and used to affect: stability, leeway, steerage, directional stability, motion damping, trim, displaced volume.

Any of the following shall be included in the **hull appendage**: **corrector weights**, integral **ballast**, and associated fittings.

E.1.2 Hull Appendage Types

(a) KEEL

A fixed **hull appendage**, attached approximately on the **hull** centreplane, primarily used to affect stability and leeway.

(b) BILGE KEEL

A fixed **hull appendage**, attached off the **hull** centreplane, primarily used to affect stability and leeway.

(c) CANTING KEEL

A movable **hull appendage** primarily used to affect stability, attached approximately on the **hull** centreplane and rotating around a single longitudinal axis.

(d) FIN

A fixed **hull appendage** primarily used to affect leeway or directional control.

(e) BULB

A **hull appendage** containing **ballast** at the bottom of another **hull appendage** primarily used to affect stability.

E 节 船体附属物的定义

E.1 船体附属物术语

E.1.1 船体附属物

符合以下情况的所有装备（包括 E.1.2 中列出的项目）：

当固定时或可伸缩的部分完全伸展时，全部或部分位于**舷弧线**或其延长线之下，

连接在船体外壳或另一个**船体附属物**上，以及

用以影响：稳定性、偏航、转向、航向稳定性、运动阻尼、航态、排水量。

以下各项应包括在**船体附属物**内：

校正重物、全部**压舱物**，以及相关配件。

E.1.2 船体附属物的类型

（a）龙骨

固定的**船体附属物**，大致连接在**船体**中线面上，主要用于影响稳定性和偏航。

（b）船底龙骨

固定的**船体附属物**，附着在**船体**的中线面外部，主要用于影响稳定性和偏航。

（c）横摆式龙骨

主要用于影响稳定性的活动式**船体附属物**，大致连接在**船体**中线面上，围绕单个纵向轴线旋转。

（d）鳍板

固定的**船体附属物**，主要用于影响偏航或航向稳定性。

（e）水滴型龙骨

固定的**船体附属物**，包含压在另一个**船体附属物**底部的**压舱物**，主要用于影响稳定性。

(f) SKEG

A **fin** attached immediately in front of a **rudder**.

(g) CENTREBOARD

A retractable **hull appendage**, attached approximately on the **hull** centreplane and rotating about a single transverse axis which may move in relation to the **hull**, primarily used to affect leeway.

(h) DAGGERBOARD

A retractable **hull appendage**, attached approximately on the **hull** centreplane and not rotating, primarily used to affect leeway.

(i) BILGEBOARD

A retractable **hull appendage**, attached off the **hull** centreplane, primarily used to affect leeway.

(j) RUDDER

A movable **hull appendage** primarily used to affect steerage.

(k) TRIM TAB

When a **rudder**(s) is used, a movable **hull appendage**, attached at the aft, or fore edge of another **hull appendage**.

(l) WING

A **hull appendage** attached to a **keel**, **bilge keel**, **canting keel**, **fin** or **bulb**, primarily used to affect leeway and/or lift.

(m) FOIL

A **hull appendage** attached to a **centreboard**, **daggerboard**, **bilgeboard** or **rudder**, primarily used to affect leeway and/or produce vertical lift.

（f）导流尾鳍

直接附着在**舵**前方的**鳍板**。

（g）转动式稳向板

可伸缩的**船体附属物**,大致连接在**船体**中线面上,围绕单一的与**船体**相关的横向轴线旋转,主要用于影响偏航。

（h）提拉式稳向板

可伸缩的**船体附属物**,大致连接在**船体**中线面上,不能旋转,主作用于偏航。

（i）可调式稳向板

可伸缩的**船体附属物**,附着于**船体**中线面外部,主作用于偏航。

（j）舵

可活动的**船体附属物**,主作用于操纵航向。

（k）水平鳍

当**舵**被使用时的可活动的**船体附属物**,与另一个**船体附属物**的前边或后边相连。

（l）翼板

与**龙骨、可调式稳向板、横摆式龙骨、鳍板**或**水滴形龙骨**相连的**船体附属物**,主作用于偏航和/或升力。

（m）水翼

与**转动式稳向板、提拉式稳向板、可调式稳向板**或**舵**相连的船体附属物,主作用于偏航和/或产生垂直升力。

Section F – Rig Definitions

F.1 GENERAL RIG TERMS

F.1.1 Rig

The **spars**, **spreaders**, **rigging**, fittings and any **corrector weights**.

F.1.2 Rig Configurations

(a) UNA RIG

A single-masted **rig** with a **mainsail** only.

(b) SLOOP RIG

A single-masted **rig** with a **mainsail** and one **headsail**.

(c) CUTTER RIG

A single-masted **rig** with more than one **headsail**.

(d) KETCH RIG

A two-masted **rig** with the fore mast – the **mainmast** – taller than the aft mast – the **mizzenmast** – set forward of the rudder stock.

(e) YAWL RIG

A two-masted **rig** with the fore mast – the **mainmast** – taller than the aft mast – the **mizzenmast** – set aft of the rudder stock.

(f) SCHOONER RIG

A two-masted **rig** with the fore mast – the **foremast** – shorter than, or the same height as, the aft mast – the **mainmast**.

F.1.3 Spar

The main structural part(s) of the **rig**, to, or from which **sails** are attached and/or supported. It includes its fittings and any **corrector weights**.

F 节　帆具的定义

F.1　常用的帆具术语

F.1.1　帆具

杆具、撑臂、索具、配件和所有**校正重物**。

F.1.2　帆具的构成

（a）UNA 帆具

只有一面**主帆**的单桅**帆具**。

（b）SLOOP 帆具

单桅**帆具**，带有一面**主帆**和一面**前帆**。

（c）CUTTER 帆具

单桅**帆具**，带有一面以上的**前帆**。

（d）KETCH 帆具

双桅**帆具**，带有前桅杆—**主桅**—高于后桅杆—**后桅**—安装在舵轴之前。

（e）YAWL 帆具

双桅**帆具**，带有前桅杆—**主桅**—高于后桅杆—**后桅**—安装在舵轴之后。

（f）SCHOONER 帆具

双桅**帆具**，带有前桅杆—**前桅**—低于或与后桅杆一样高—**主桅**。

F.1.3　杆具

为**帆具**的主要结构部分，给予或承受**帆**的附着和／或支撑。包括其配件和所有**校正重物**。

F.1.4 Spar Types

(a) **MAST**

A **spar** on which the **head** or **throat** of a **sail**, or a **yard**, is set. Includes its **standing rigging, running rigging**, and **spreaders**, but not **running rigging** and fittings that are not essential to the function of the mast as part of the **rig**.

Mast Types:

(i) MAINMAST
  (a) The only **mast** in a **una rig, sloop rig** or **cutter rig**.
  (b) The fore **mast** in a **ketch rig** or **yawl rig**.
  (c) The aft **mast** in a **schooner rig**.

(ii) FOREMAST
Th fore **mast** in a **schooner rig**.

(iii) MIZZENMAST
The aft **mast** in a **ketch rig** or **yawl rig**.

(b) **BOOM**

A **spar** attached at one end to a mast **spar** or a **hull** and on which the **clew** of a **sail** is set and on which the **tack** and/or **foot** of the **sail** may be set. Includes its **rigging**, but not **running rigging, running rigging** blocks and/or any kicking strap/strut arrangement.

Boom Types:

(i) FOREMAST SAIL BOOM
  A **boom** attached to a **foremast spar** to support a **foremast sail**.

(ii) HEADSAIL BOOM
  A **boom** attached to a **hull** to support a **headsail clew**.

F.1.4 杆具的类型

（a）桅杆

张挂**帆顶**或**帆边上角**或**桅横杆**的杆具。包括其**固定索具**、**活动索具**和**撑臂**,但不包括对桅杆(**帆具的一部分**)不具有必要功能的**活动索具**和配件。

桅杆的类型

（i）主桅

（a）**UNA** 帆具、**SLOOP** 帆具或 **CUTTER** 帆具的唯一**桅杆**。

（b）**KETCH** 帆具或 **YAWL** 帆具的前**桅杆**。

（c）**SCHOONER** 帆具的后**桅杆**。

（ii）前桅

SCHOONER 帆具的前**桅杆**。

（iii）后桅

KETCH 帆具或 **YAWL** 帆具的后**桅杆**。

（b）帆杆

连接在桅杆杆具一端或者**船体**上,张挂**帆后角**及**帆前角**和/或**底边**的杆具。包括其**索具**,但不包括**活动索具**、**活动索具**滑轮和/或任何斜拉器/支撑装置。

帆杆的类型：

（i）前桅帆帆杆

连接在**前桅杆具**上用以支撑**前桅帆**的**帆杆**。

（ii）前帆帆杆

连接在**船体**上用以支撑**前帆帆后角**的**帆杆**。

(iii) MAIN BOOM

A **boom** attached to a **mainmast spar** to support a **mainsail**.

(iv) MIZZEN BOOM

A **boom** attached to a **mizzenmast spar** to support a **mizzen**.

(v) WISHBONE BOOM

A double **boom** attached to a mast **spar** to support a **sail** and which has one **spar** on each side of the **sail**.

(c) HULL SPARS

A **spar** attached to the **hull**.

(i) BOWSPRIT

A **hull spar** extending forward to attach **rigging** and/or the **tack** of a **headsail**, or **headsails**.

(ii) BUMPKIN

A **hull spar** extending aft to sheet a **sail** and/or attach **rigging**.

(iii) DECK SPREADER

A **hull spar** extending transversely to attach **standing rigging**.

(d) OTHER SPARS

Other **spar** types include their **rigging**, but not **running rigging**.

Other **Spar** Types:

(i) SPINNAKER POLE

A **spar** attached to the mast **spar** to set a spinnaker.

(ii) WHISKER POLE

A **spar** attached to the mast **spar** and a **headsail clew**.

（ⅲ）主帆杆

连接在**主桅杆具**上用以支撑**主帆**的**帆杆**。

（ⅳ）后桅帆杆

连接在**后桅杆具**上用以支撑**后桅帆**的**帆杆**。

（ⅴ）叉形帆杆

连接在桅杆**杆具**上用以支撑**帆**的，且**帆**两边均有一根杆具的双**帆杆**。

（c）船体杆具

连接在**船体**上的**杆具**。

（ⅰ）船首撑杆

向前延伸出的连接在**索具**和／或一面**前帆**或多面**前帆**的**帆前角**上的**船体杆具**。

（ⅱ）船尾撑杆

向后延伸出的用以控**帆**和／或连接在**索具**上的**船体杆具**。

（ⅲ）甲板撑臂

横向延伸出的连接在**固定索具**上的**船体杆具**。

（d）其他杆具

其他**杆具**类型包括其**索具**，但不包括**活动索具**。

其他**杆具**的类型：

（ⅰ）球帆杆

连接在桅杆**杆具**上用以张挂球帆的**杆具**。

（ⅱ）后帆角撑杆

连接在桅杆**杆具**和**前帆后角**上的**杆具**。

(iii) GAFF

A **spar** attached at one end to a mast **spar** to set the peak, throat and/or head of a quadrilateral **sail**.

(iv) SPRIT

A **spar** attached at one end to a mast **spar** or a hull to set only the peak of a quadrilateral **sail**.

(v) YARD

A **spar** hoisted on a mast **spar** at a point between its ends to set the **head** of a quadrilateral sail or the **luff** of a lateen **sail**.

(vi) BAR

A **spar** to set and control a **kite**.

F.1.5 Spreader

Equipment used to brace a **spar**, attached at one end to the **spar** and the other end to **rigging** and working in compression when in use.

F.1.6 Rigging

Any equipment attached at one or both ends to **spars**, **sails** or other **rigging** and capable of working in tension only. Includes associated fittings which are not permanently fixed to a **hull**, **spar** or **spreader**.

(iii) 斜桁（帆上缘的）

连接在桅杆杆具一端的用以张挂帆顶、帆边上角和/或四边形**帆**帆顶的杆具。

(iv) 斜撑帆杆

连接在桅杆杆具一端或船体上仅用来张挂四边形**帆**帆顶的**杆具**。

(v) 桅横杆

悬挂在桅杆杆具两端间某点上的**杆具**，用以张挂四边形帆的**帆顶**或者斜挂大三角帆的**帆前缘**。

(vi) 手把/操作把

张挂和控制**风筝**的杆具。

F.1.5 撑臂

用来支撑杆具的器材，一端连接在杆具上，另一端连接在**索具**上，且使用时受压工作。

F.1.6 索具

连接在**杆具**一端或两端、**帆**或其他**索具**上的器材，只能在张力下工作。包括非永久性固定在**船体**、**杆具**或撑臂上的相关配件。

F.1.7 Rigging Types

(a) STANDING RIGGING

Rigging used to support a mast **spar** or **hull spar**. It may be adjustable but is not detached when racing except as below:

Standing Rigging types:

(i) SHROUD

Rigging used to provide transverse support for a mast **spar** or **hull spar** and which may also provide longitudinal support.

(ii) STAY

Rigging mainly used to provide longitudinal support for a mast **spar** or **hull spar** or a **sail** which may be detached while racing.

(iii) FORESTAY

Rigging used to provide forward support for a mast **spar**.

(b) RUNNING RIGGING

Rigging primarily used to adjust a **spar**, a **sail** or a **hull appendage**.

Running Rigging types:

(i) HALYARD

Rigging used to hoist a **sail**, **spar**, flag or a combination thereof.

(ii) BACKSTAY

Rigging mainly used to provide aft support for a mast **spar** above the **upper limit mark**.

(iii) RUNNING BACKSTAY

Rigging used to provide aft support for a mast **spar** at a point, or points, between the **upper limit mark** and the **forestay rigging point**.

F.1.7 索具的类型

（a）固定索具

用来支撑桅杆**杆具**或**船体杆具**的**索具**。除下列外，它是可以调节的，但在竞赛时不能拆下：

固定索具的类型：

（i）侧支索

用于为桅杆**杆具**或**船体杆具**提供横向支撑的**索具**，也可以提供纵向支撑。

（ii）支索

主要用于为桅杆**杆具**或**船体杆具**或**帆**提供纵向支撑的**索具**，竞赛时可以拆下。

（iii）前支索

用于为桅杆**杆具**提供前部支撑的**索具**。

（b）活动索具

主要用于调整**杆具**、**帆**或**船体附属物**的**索具**。

活动索具的类型：

（i）升降索

用于升起**帆**、**杆具**、**旗**或其组合的**索具**。

（ii）后支索

主要用于为桅杆**杆具**提供后部支撑的**索具**，位于**上部限制标记**之上。

（iii）活动后支索

用来在**上部限制标记**与**前支索索具丈量点**之间的某点或几点处为桅杆**杆具**提供后部支撑的**索具**。

(iv) CHECKSTAY

Rigging used to provide aft support for a mast **spar** at a point, or points, between the **lower limit mark** and the **forestay rigging point**.

(v) OUTHAUL

Rigging used to trim the **clew** of a **sail** along a boom **spar**.

(vi) SHEET

Rigging used to trim the **clew** of a **sail**, or a boom **spar**.

(vii) SPINNAKER GUY

Rigging used to trim the **tack** of a spinnaker.

(viii) FLYING LINES

Rigging used to trim a **kite**.

(ix) FRONT LINES

Flying lines used to transfer the power from a **kite** to the **crew**.

(x) BACK LINES

Flying lines used for steering a **kite**.

(c) OTHER RIGGING

(i) TRAPEZE

Rigging attached to a mast **spar** used to support a single **crew** member.

F.1.8 Foretriangle

The area formed by the foreside of the foremost mast **spar**, the foremost **forestay** and the deck including any superstructure.

(iv) 低位后支索

用来在**下部限制标记**与**前支索索具丈量点**之间的某点或几点处为桅杆**杆具**提供后部支撑的**索具**。

(v) 后拉索

用来沿着帆杆**杆具**调整**帆后角**的**索具**。

(vi) 缭绳

用来调整**帆后角**或帆杆**杆具**的**索具**。

(vii) 球帆前缭

用来调整球帆**前角**的**索具**。

(viii) 飞绳

用来调整风筝的**索具**。

(ix) 前绳

用来将**风筝**的力量传递给**船员**的**飞绳**。

(x) 后绳

用来操纵风筝的**飞绳**。

(c) 其他索具

(i) 吊索

连接在桅杆**杆具**上的**索具**,用来支撑单个**船员**。

F.1.8 前三角区

最前面的桅杆**杆具**前侧、最前面的**前支索**与包括其上部结构的甲板间形成的区域。

F.1.9 Limit Marks

(a) LIMIT MARK DIMENSIONS

(i) LIMIT MARK WIDTH

The minimum width measured in the length direction of the **spar**.

F.2 MAST MEASUREMENT DEFINITIONS

F.2.1 Mast Limit Marks

(a) LOWER LIMIT MARK

The **limit mark** for the setting of a boom **spar** or **sail**.

(b) UPPER LIMIT MARK

The limit mark for the setting of a **sail**.

F.2.2 Mast Measurement Points

(a) MAST DATUM POINT

The point on the **mast** specified in the **class rules** used as a datum for measurement.

(b) HEEL POINT

The lowest point on the **spar** and its fittings.

(c) TOP POINT

The highest point on the **spar** and its fittings.

(d) LOWER POINT

The highest point of the **lower limit mark** at the aft edge of the **spar**.

(e) UPPER POINT

The lowest point of the **upper limit mark** at the aft edge of the **spar**.

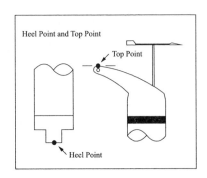

F.1.9 限制标记

（a）限制标记的尺寸

（i）限制标记的宽度

在**杆具**长度方向上量得的最小宽度。

F.2 桅杆丈量定义

F.2.1 桅杆限制标记

（a）下部限制标记

安装帆杆**杆具**或张挂**帆**的**限制标记**。

（b）上部限制标记

张挂**帆**的**限制标记**。

F.2.2 桅杆丈量点

（a）桅杆基准点

级别规则中指定的**桅杆**上的一点，用以作为丈量的基准点。

（b）桅脚丈量点

杆具及其配件的最低点。

（c）桅顶丈量点

杆具及其配件的最高点。

（d）低点

杆具后缘的**下部限制标记**的最高点。

（e）上点

杆具后缘的**上部限制标记**的最低点。

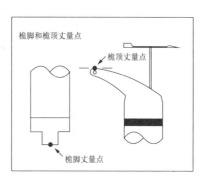

桅脚和桅顶丈量点

F.2.3 Mast Dimensions

See H.4.

(a) **MAST LENGTH**
The distance between the **heel point** and the **top point**.

(b) **LOWER POINT HEIGHT**
The distance between the **mast datum point** and the **lower point**.

(c) **UPPER POINT HEIGHT**
The distance between the **mast datum point** and the **upper point**.

(d) **MAINSAIL LUFF MAST DISTANCE**
The distance between the **lower point** and the **upper point**.

(e) **RIGGING POINT**
When **rigging** is attached:
BY HOOK TERMINAL:
The lowest point of the hook where it intersects the **spar**, extended as necessary.

BY TANG WITH THROUGHFIXING:
The lowest point of the **spar** through fixing where it intersects the **spar**.

BY EYE WITH BOLT OR OTHER THROUGH FIXING:
The lowest point of the **spar** bolt, or through fixing, where it intersects the **spar**.

F.2.3 桅杆尺寸

参见 H.4。

（a）桅杆长度

桅脚丈量点与**桅顶丈量点**之间的距离。

（b）低点高度

桅杆基准点与**低点**之间的距离。

（c）上点高度

桅杆基准点与**上点**之间的距离。

（d）主帆前缘桅杆距离

低点与**上点**之间的距离。

（e）索具丈量点

当**索具**与下列连接时：

通过挂钩末端：

位于挂钩与**杆具**交叉的最低点，必要时可延伸。

通过穿心螺钉：

位于与**杆具**交叉固定的**杆具**上的最低点。

通过螺栓孔或其他穿心固定：

位于**杆具**螺栓或与**杆具**相交的穿心固定的最低点。

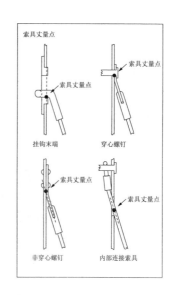

IN OTHER WAYS: The intersection of the outside of the **spar**, extended as necessary, and the centreline of the **rigging**.

(f) FORESTAY HEIGHT
The distance between the **mast datum point** and the **rigging point** or the **top point** whichever is the lowest.

(g) SHROUD HEIGHT
The distance between the **mast datum point** and the **rigging point**.

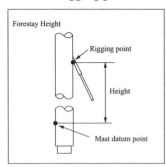
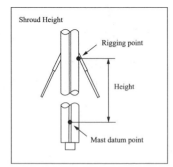

(h) BACKSTAY HEIGHT
The distance between the **mast datum point** and the **rigging point** or the **top point** whichever is the lowest.

(i) CHECKSTAY HEIGHT
The distance between the **mast datum point** and the **rigging point**.

(j) TRAPEZE HEIGHT
The distance between the **mast datum point** and the **rigging point**.

(k) HEADSAIL HOIST HEIGHT
The distance between the **mast datum point** and the intersection of the spar and the lower edge of the **headsail halyard**, when at 90° to the **spar**, each extended as necessary.

其他方式：**杆具外端**（必要时可延伸）与**索具中心线**的相交点。

(f) 前支索高度

桅杆基准点与**索具丈量点**或**桅顶丈量点**（以最低的点为准）之间的距离。

(g) 侧支索高度

桅杆基准点与**索具丈量点**之间的距离。

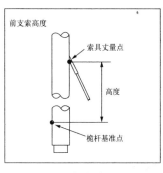
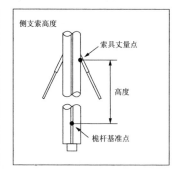

(h) 后支索高度

桅杆基准点与**索具丈量点**或**桅顶丈量点**（以最低的点为准）之间的距离。

(i) 低位后支索高度

桅杆基准点与**索具丈量点**之间的距离。

(j) 吊索距离

桅杆基准点与**索具丈量点**之间的距离。

(k) 前帆升起的高度

桅杆基准点与**杆具**和**前帆升降索**（与**杆具**成 90°时）较低处相交点之间的距离，必要时均可延伸。

(l) **SPINNAKER HOIST HEIGHT**

The distance between the **mast datum point** and the intersection of the spar and the lower edge of the spinnaker **halyard**, when at 90° to the **spar**, each extended as necessary.

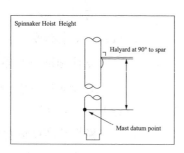

(m) **MAST SPAR CURVATURE**

The greatest distance between the **spar** and a straight line from the **upper point** to the **lower point** taken at 90° to the straight line when the **spar** is resting on one side.

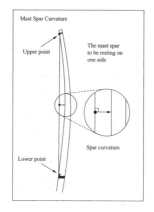

(n) **MAST SPAR DEFLECTION**

The difference in distance, at a specified distance from the **mast datum point**, between the **spar** and a straight line from the **upper point** to the **lower point** taken at 90° to the straight line with and without a specified load at the specified distance when the **spar** is horizontal at and supported at these points.

(l) 球帆升起的高度

桅杆基准点与**杆具**和球帆**升降索**(与**杆具**成 90° 时)较低处相交点之间的距离,必要时均可延伸。

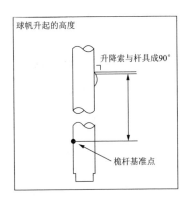

(m) 桅杆杆具的曲度(预弯)

当**杆具**在一侧相对固定好时,**杆具**到从**上点**引向**低点**的连线间的最大距离,取与这条直线成 90° 的垂线。

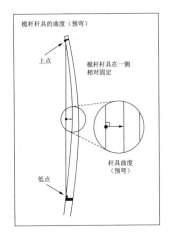

(n) 桅杆杆具的偏曲

当**杆具**处于水平位置且由以下这些点支撑时,在有或者无特定负重情况下,距**桅杆基准点**的某一特定点与**杆具**从**上点**引到**低点**的连线间的距离差,取与这条直线成 90° 的垂线。

(i) FORE-AND-AFT: Measured with the aft edge up.

(ii) TRANSVERSE: Measured with one side up. See H.4.5.

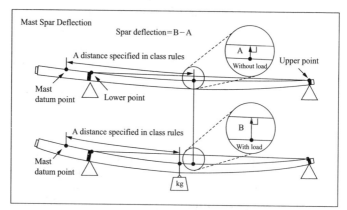

(o) MAST SPAR CROSS SECTION

(i) FORE-AND-AFT: The foreand-aft dimension, including any **sail** track, at a specified distance from the **mast datum point**.

(ii) TRANSVERSE: The transverse dimension, at a specified distance from the **mast datum point**.

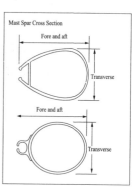

(p) MAST SPAR WEIGHT

The weight of the **spar** including fittings and **corrector weights**.

(q) MAST WEIGHT

The weight of the **mast**.

（i）前后：丈量时后边缘向上。

（ii）横向：丈量时一侧向上。

参见 H.4.5。

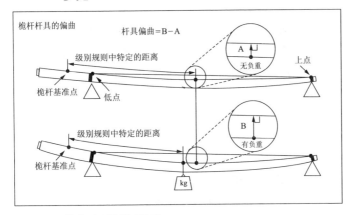

(o) 桅杆杆具横截面

（i）前后：自**桅杆基准点**的特定距离处的前后尺寸，包括所有**帆**的滑槽。

（ii）横向：自**桅杆基准点**的特定距离处的横向尺寸。

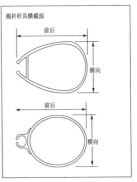

(p) 桅杆杆具的重量

杆具的重量，包括配件和**校正重物**。

(q) 桅杆重量

桅杆的重量。

(r) MAST TIP WEIGHT

The weight of the **mast** measured at the **upper point** when the **spar** is supported at the **lower point**. See H.4.6.

(s) MAST CENTRE OF GRAVITY HEIGHT

The distance from the **mast datum point** to centre of gravity of the **mast**.

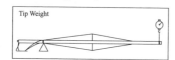
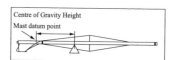

F.2.4 Mast Fittings

(a) SPREADER

(i) LENGTH: The distance between the inner edge of the **shroud** at the lower edge of the **spreader** and the intersection of the lower edge of

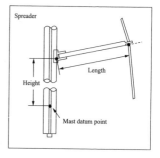

the **spreader**, extended as necessary, and the **spar**.

(ii) HEIGHT: The distance between **mast datum point** and the intersection of the lower edge of the **spreader**, extended as necessary, and the **spar**.

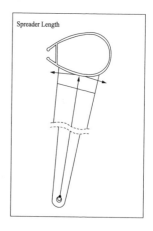

（r）桅杆梢重

当杆具以**低点**支撑时，在**上点**处称得的**桅杆**的重量。

参见 H.4.6。

（s）桅杆重心的高度

从**桅杆基准点**到**桅杆重心**的距离。

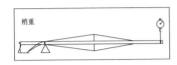
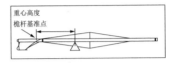

F.2.4 桅杆配件

（a）撑臂

（i）长度：**撑臂**下边缘处**侧支索**内缘与**撑臂**下边缘的交点（若必要可延伸）到**杆具**的距离。

（ii）高度：**桅杆基准点**到**撑臂**下边缘与**杆具**的交点（若必要可延伸）间的距离。

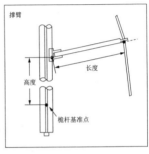
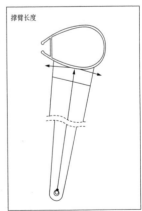

(b) SPINNAKER POLE FITTING
 (i) HEIGHT: The distance between the **mast datum point** and the centre of the highest bearing part of the fitting.
 (ii) PROJECTION: The shortest distance between the outermost point of the fitting and the **spar**.

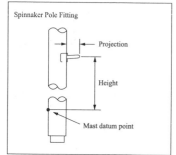

F.3 BOOM MEASUREMENT DEFINITIONS
F.3.1 Boom Measurement Points
(a) OUTER POINT
 The point on the boom **outer limit mark**, at the upper edge of the **spar**, nearest the fore end of the **spar**.

F.3.2 Boom Limit Marks
(a) OUTER LIMIT MARK
 The **limit mark** for the setting of a **mainsail**, **foresail** or **mizzen**.

F.3.3 Boom Dimensions
See H.4.
(a) OUTER POINT DISTANCE
 The distance between the **outer point** and the aft edge of the mast **spar**, with the boom **spar** on the mast **spar** centreplane and at 90° to the mast **spar**.

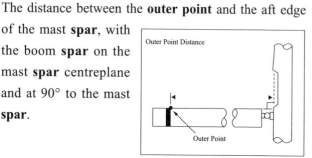

（b）球帆杆配件

(i) 高度：**桅杆基准点**与配件的最高处承载部分的中心点之间的距离。

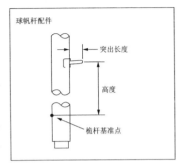

(ii) 突出长度：该配件的最外点与**杆具**之间的最短距离。

F.3 帆杆丈量相关的定义

F.3.1 帆杆丈量点

（a）外端丈量点

帆杆**外端限制标记**上的一点，位于杆具的上边缘，紧邻杆具的前端。

F.3.2 帆杆限制标记

（a）外端限制标记

张挂主**帆**、前**帆**或安装后桅的**限制标记**。

F.3.3 帆杆参数

参见 H.4。

（a）外端丈量点的距离

当帆杆杆具位于桅杆杆具的中线面上且与桅杆杆具成 90°时，**外端丈量点**与桅杆杆具后缘间的距离。

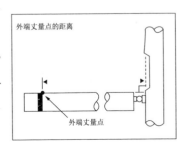

(b) **BOOM SPAR CURVATURE**

The greatest distance between the **spar** and a straight line from the uppermost fore end of the **spar** to the **outer point** 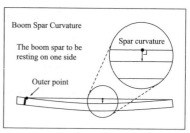 or, where there is no **outer point**, to the uppermost aft end of the **spar**, taken at 90° to the straight line when the spar is resting on one side.

(c) **BOOM SPAR DEFLECTION**

The difference in distance, at a specified distance from the **outer point**, between the **spar** and a straight line from the **outer point** to the top of the fore end of the **spar** taken at 90° to the straight line and with and without a specified load at the specified distance when the **spar** is horizontal and supported at these points.

   (i) VERTICAL: Measured with the top edge up.
   (ii) TRANSVERSE: Measured with one side up.
   See H.4.5.

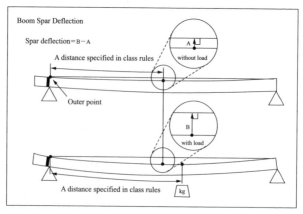

(b) 帆杆杆具的曲度

当**杆具**以某一侧放置不动时,**杆具**和自**杆具**前端顶点引到**外端丈量点**,或当没有**外端丈量点**时,到**杆具**后端顶点的直线间的最大距离,取与这条直线成 90°的垂线。

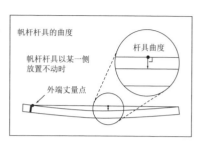

(c) 帆杆杆具的偏曲

当**杆具**处于水平位置且由这些点支撑时,在有无特定负重情况下,距离**外端丈量点**某一特定距离处,**杆具**与**外端丈量点**引到**杆具**前端顶点的直线间的距离差,取与这条直线成 90° 的垂线。

(i) 垂直方向:丈量时,上边缘向上放置。

(ii) 横向:丈量时,一侧向上放置。

参见 H.4.5。

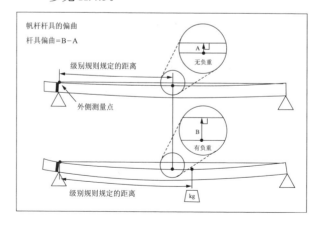

(d) BOOM SPAR CROSS SECTION

  (i) VERTICAL: The verticaldimension, including any **sail** track, at a specified distance from the **outer point**.

  (ii) TRANSVERSE: Thetransverse dimension at a specified distance from the **outer point**.

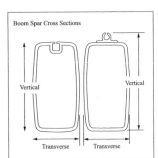

(e) BOOM WEIGHT

  The weight of the **boom**.

F.4 SPINNAKER/WHISKER POLE MEASUREMENT DIMENSIONS

See H.4.

(a) SPINNAKER/WHISKER POLE LENGTH

  The distance between the ends of the **spinnaker/whisker pole**.

(b) SPINNAKER/WHISKER POLE SPAR CROSS SECTION

  The sectional dimensions at specified distances from an end of the **spinnaker/whisker pole**.

(c) SPINNAKER/WHISKER POLE WEIGHT

  The weight of the **spinnaker/whisker pole**.

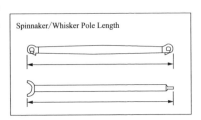

（d）帆杆杆具的横剖面

  （i）垂直方向：自**外端丈量点**的指定距离的垂直尺寸，包括所有**帆**的滑槽。

  （ii）横向：自**外端丈量点**的指定距离的横向尺寸。

（e）帆杆重量

  帆杆的重量。

F.4 球帆杆／后帆角撑杆的丈量参数

参见 H.4。

（a）球帆杆／后帆角撑杆的长度

  球帆杆／后帆角撑杆两端之间的距离。

（b）球帆杆／后帆角撑杆的横截面

  自**球帆杆／后帆角撑杆**一端的指定距离的截面尺寸。

（c）球帆杆／后帆角撑杆的重量

  球帆杆／后帆角撑杆的重量。

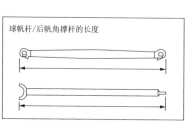

F.5 BOWSPRIT MEASUREMENT DEFINITIONS

F.5.1 Bowsprit Measurement Points

(a) BOWSPRIT INNER POINT

The point of the **bowsprit inner limit mark**, at the upper edge of the **spar**, nearest the outboard end of the **spar**.

(b) BOWSPRIT OUTER POINT

The point of the **bowsprit outer limit mark**, at the upper edge of the **spar**, nearest the inner end of the **spar**, or the outboard end of the **spar** when there is no **outer limit mark**.

F.5.2 Bowsprit Limit Marks

(a) BOWSPRIT INNER LIMIT MARK

The **limit mark** for the setting of the **spar**.

(b) BOWSPRIT OUTER LIMIT MARK

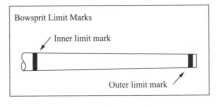

The **limit mark** for the setting of a **headsail**.

F.5.3 Bowsprit Dimensions

See H.4.

(a) BOWSPRIT POINT DISTANCE

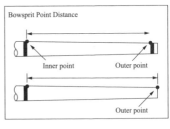

The distance between the **bowsprit inner point** and the **bowsprit outer point**.

(b) BOWSPRIT SPAR CROSS SECTION

The sectional dimensions at specified positions.

(c) BOWSPRIT WEIGHT

The weight of the **bowsprit**.

F.5 船首撑杆丈量定义

F.5.1 船首撑杆丈量点

（a）船首撑杆内端丈量点

船首撑杆内端限制标记上的一点，位于**杆具**的上边缘，紧邻杆具伸出部分的根部。

（b）船首撑杆外端丈量点

船首撑杆外端限制标记上的一点，位于**杆具**的上边缘，紧邻杆具缩回时的外露端，或当没有**外端限制标记**时，紧邻杆具的伸出端。

F.5.2 船首撑杆限制标记

（a）船首撑杆内端限制标记

安装**杆具**的**限制标记**。

（b）船首撑杆外端限制标记

张挂**前帆**的**限制标记**。

F.5.3 船首撑杆参数

参见 H.4。

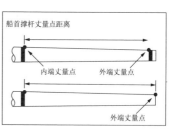

（a）船首撑杆丈量点距离

船首撑杆内端丈量点和**船首撑杆外端丈量点**之间的距离。

（b）船首撑杆杆具横截面

指定位置的横截面尺寸。

（c）船首撑杆重量

船首撑杆的重量。

F.6 FORETRIANGLE MEASUREMENT DEFINITIONS

F.6.1 Foretriangle Dimensions

(a) FORETRIANGLE BASE

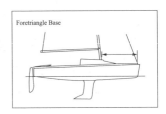

Foretriangle Base

The longitudinal distance between the intersection of the fore side of the mast **spar**, extended as necessary, and the deck including any superstructure, and the intersection of the centreline of the **forestay**, extended as necessary, and the deck, or bowsprit **spar**. See H.3.4.

(b) FORETRIANGLE HEIGHT

Foretriangle Height

The distance between the intersection of the **sheer** and the fore side of the mast **spar**, extended as necessary, and the **forestay rigging point**. See H.4.

(c) FORETRIANGLE AREA

Half the product of the **foretriangle base** and the **foretriangle height**.

F.7 SAIL SETTING MEASUREMENT DEFINITIONS

F.7.1 Spinnaker Tack Distance

The maximum longitudinal distance from the fore side of the mast **spar** to the end of the longest **spinnaker pole** or the **bowsprit outer point** measured on or near the **boat** centreplane; or the longitudinal distance from the fore side of the mast spar, extended as necessary, and the deck including any superstucture, forward to the spinnaker tack point on deck; whichever is the greatest.

F.6 前三角区丈量定义

F.6.1 前三角区参数

（a）前三角区底边

桅杆杆具前侧（若必要可延伸）与包括所有上部结构的甲板的交点和**前支索**的中心线（若必要可延伸）与甲板或船首撑杆杆具的交点之间的纵向距离。

参见 H.3.4。

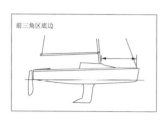
前三角区底边

（b）前三角区高度

舷弧和桅杆杆具前侧（若必要可延伸）的交点与**前支索**索具丈量点之间的距离。

参见 H.4。

前三角区高度

（c）前三角区面积

前三角区底边与**前三角区高度**乘积的一半。

F.7 帆的张挂丈量定义

F.7.1 球帆前角距离

在**船**的中线面或其附近量得的自桅杆杆具前侧到最长的**球帆杆**的端点或**船首撑杆**外端丈量点之间的最大纵向距离；或自桅杆杆具前侧（若必要可延伸）和包括所有上部结构的甲板向前到甲板上的球帆前角丈量点之间的最大纵向距离；以较大的为准。

Section G – Sail Definitions

Subsection A – Trilateral Sails

Definitions relating to sails with only three **sail edges**:

"MAINSAIL" also applies to **foremast sail** and **mizzen**.

"HEADSAIL" also applies to "jib" and "genoa".

"SPINNAKER" also applies to "gennaker".

G.1 GENERAL SAIL TERMS

G.1.1 Sail

An item of equipment, used to propel the **boat**. It includes any of the following added parts:

sail reinforcements

batten pockets and associated fittings

windows

stiffening

tabling

sail edge ropes and wires

attachments

other parts as permitted by **class rules**.

G.1.2 Set Flying

A **sail** set with no **sail edge** attached to the **rig**.

G.1.3 Sail Types

(a) MAINSAIL

A **sail** with the **luff** attached to the **mainmast spar**. The lowest of the **sails** if more than one **sail** with the **luff** set to that **spar**.

(b) FOREMAST SAIL

A sail with the **luff** attached to the **foremast spar**. The lowest of the **sails** if more than one **sail** with the **luff** set to that **spar**.

G 节 帆的定义

A 小节 三角形帆

定义仅与有三条**帆边**的**帆**相关：

"主帆"也适用于**前桅帆**和**后桅帆**。

"前帆"也适用于"船首三角帆"和"大三角帆"。

"球帆"也适用于"不对称大三角帆"。

G.1 常用帆的术语

G.1.1 帆

用来推进**船**的一种器材，包括以下任一附加部分：

帆的加固

帆骨袋和相关配件

帆窗

加固材料

贴边

帆边绳和线

附属物

级别规则允许的其他部件。

G.1.2 自由升挂的帆

帆边没有附着在**桅具**上的**帆**。

G.1.3 帆的类型

（a）主帆

前缘连接在**主桅杆杆具**上的**帆**。如果有一面以上的**帆**的前缘张挂在那根杆具上，则为最低的那一面**帆**。

（b）前桅帆

前缘连接在**前桅杆具**上的**帆**。如果有一面以上的**帆**的前缘张挂在那根杆具上，则为最低的那一面**帆**。

(c) MIZZEN

A **sail** with the **luff** attached to the **mizzenmast spar**. The lowest of the **sails** if more than one **sail** with the **luff** set to that **spar**.

(d) HEADSAIL

A **sail** set forward of the mast **spar**, or of the foremost mast **spar** if more than one mast.

(e) KITE

A **sail** attached to the **bar.**

G.1.4 Sail Construction

   (a) BODY OF THE SAIL

      The **sail** excluding the areas where parts are added as per G.1.1.

   (b) PLY

      A sheet of sail material.

   (c) SOFT SAIL

      A **sail** where the **body of the sail** is capable of being folded flat in any direction without damaging any **ply** other than by creasing.

   (d) WOVEN PLY

      A **ply** which, when torn, can be separated into fibres without leaving evidence of a film.

   (e) LAMINATED PLY

      A **ply** made up of more than one layer.

   (f) SINGLE-PLY SAIL

      A **sail**, except at **seams**, where all parts of the **body of the sail** consist of only one **ply**.

   (g) DOUBLE LUFF SAIL

      A **sail** with more than one **luff**, or a **sail** passing around a **spar** and attached back on itself.

（c）后桅帆

前缘连接在**后桅杆具**上的**帆**。如果有一面以上的**帆**的**前缘**张挂在那根**杆具**上，则为最低的那一面**帆**。

（d）前帆

张挂在桅杆杆具前面的**帆**，或者是当有一根以上的桅杆时，张挂在最前面的那根桅杆杆具上的**帆**。

（e）风筝

连接在**操作把**上的**帆**。

G.1.4 帆的结构

（a）帆的主体

不包括 G.1.1 中所列每一个部件的区域的**帆**。

（b）帆料

一层帆的材料。

（c）软帆

帆的主体可以向任意方向平坦地折叠，且除了压痕外不会损毁**帆料**的**帆**。

（d）纺织帆料

撕裂时碎成纤维而不会留下薄膜痕迹的**帆料**。

（e）多层帆料

其构成多于一层的**帆料**。

（f）单层帆

除了**缝合处**，**帆的主体**的所有部分构成都只有一层**帆料**的**帆**。

（g）双前缘帆

有多于一个**前缘**的**帆**，或者围绕**杆具**且向后固定在自身上的**帆**。

(h) SEAM

Overlap where two or more **ply** forming the **body of the sail** are joined.

(i) DART

An overlap formed at a **sail edge** by overlapping the **ply** edges of a cut in the **body of the sail**.

(j) TUCK

Overlap where a **ply** is folded and joined.

(k) BATTEN POCKET

Ply to form a pocket for a batten.

(l) SAIL OPENING

Any opening other than openings created by **attachments** or **batten pockets**.

(m) WINDOW

A predominantly transparent **ply** in the **body of the sail**.

(n) STIFFENING

Corner boards and battens.

(o) ATTACHMENTS

    cringles

    straps

    hanks

    slides

    adjustment eyes

    adjustment points

    reefing eyes

    reefing points, and

    blocks and their fastenings.

See H.5.3.

(h) 缝合处

两层或多层**帆料**缝合构成**帆的主体**的交叠处。

(i) 缝褶

在**帆边**处,将**帆的主体**上的**帆料**边缘裁切进行搭接而形成的重叠部分。

(j) 褶

帆料折叠并连接的重叠处。

(k) 帆骨袋

为帆骨制成口袋的**帆料**。

(l) 帆的开口

除了由**附属物**或**帆骨袋**形成的开口以外的所有开口。

(m) 帆窗

帆的主体上的明显的透明**帆料**。

(n) 加固材料

帆角板和帆骨。

(o) 附属物

  索眼

  帆眼圈

  滑块

  调整眼环

  调整节点

  缩帆节点,以及

  滑轮及其固定件。

参见 H.5.3。

(p) SAIL EDGE SHAPE

The shape of a **sail edge** as a comparison with a straight line between

corner points or,

in the case of a **leech** other than of a gennaker or spinnaker, between the **clew point** and the **aft head point**.

G.2 SAIL EDGES

G.2.1 Foot

The bottom edge.

G.2.2 Leech

The aft edge.

G.2.3 Luff

The fore edge.

G.2.4 Sail Leech Hollow

Concavity in the shape of a **leech** between

adjacent **batten pockets**, or

a **batten pocket** and the adjacent **corner point**, or

in the case of a **mainsail, foremast sail, mizzen** or a **headsail** other than a spinnaker or a gennaker, between the **aft head point** and the adjacent **batten pocket**.

(p) 帆边形状

帆边的形状是与以下所述的直线相比较而言的：

帆角丈量点之间形成的或

若不是不对称三角帆或球帆的**后缘**时，**后角丈量点**与**后顶点**之间形成。

G.2 帆边

G.2.1 底边

底部边缘。

G.2.2 后缘

后部边缘。

G.2.3 前缘

前部边缘。

G.2.4 帆后缘凹陷

后缘的形状在以下两点间的凹面：

毗连的**帆骨袋**之间，或

帆骨袋与毗连的**帆角丈量点**之间，或

在**主帆、前桅帆、后桅帆**或**前帆**而不是球帆或不对称三角帆的情况下，**后顶点**与毗连的**帆骨袋**之间。

G.3 SAIL CORNERS

G.3.1 Clew

The region where the **foot** and the **leech** meet.

G.3.2 Head

The region at the top.

G.3.3 Tack

The region where the **luff** and the **foot** meet.

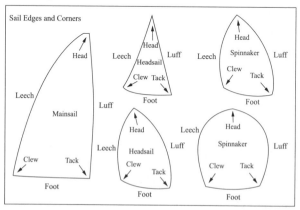

G.4 SAIL CORNER MEASUREMENT POINTS

G.4.1 Clew Point

The intersection of the **foot** and the **leech**, each extended as necessary.

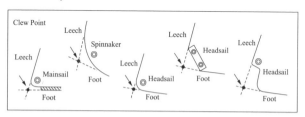

G.3 帆角

G.3.1 后角

底边和后缘相交的地方。

G.3.2 帆顶

顶点的地方。

G.3.3 前角

前缘和底边相交的地方。

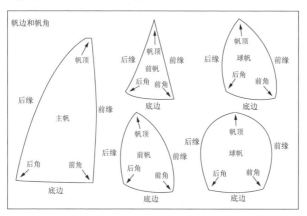

G.4 帆角丈量点

G.4.1 后角丈量点

底边和后缘的交点，若必要皆可延伸。

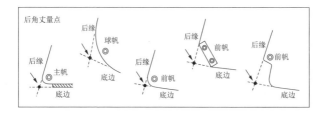

G.4.2 Head Point

(a) MAINSAIL: The intersection of the **luff**, extended as necessary, and the line through the highest point of the **sail** at 90° to the **luff**.

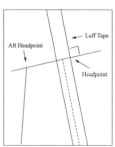

(b) HEADSAIL: The intersection of the **luff**, extended as necessary, and the line at 90° to the **luff** passing through the highest point of the **sail** excluding **attachments** and any luff tape.

(c) SPINNAKER: The intersection of the **luff** and the **leech**, extended as necessary.

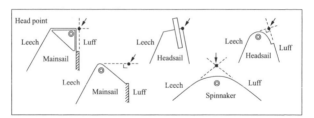

G.4.3 Tack Point

The intersection of the **foot** and the **luff**, each extended as necessary.

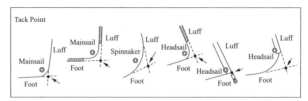

G.4.2 帆顶(上角、顶角)丈量点

(a) 主帆：**前缘**（若必要可延伸）与**帆**的最高点成 90° 角引向**前缘**的一条线的交点。

(b) 前帆：**前缘**（若必要可延伸）与**帆**（除了**附属物**和所有前缘带）的最高点成 90° 角引向**前缘**的线的交点。

(c) 球帆：前缘和后缘的交点，若必要两者均可延伸。

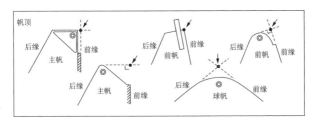

G.4.3 前角丈量点

底边与**前缘**的交点，若必要两者均可延伸。

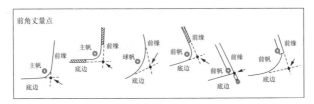

G.5 OTHER SAIL MEASUREMENT POINTS

G.5.1 Quarter Leech Point
The point on the **leech** equidistant from the **half leech point** and the **clew point**.

G.5.2 Half Leech Point
The point on the **leech** equidistant from the **head point** and the **clew point**.

G.5.3 Three-Quarter Leech Point
The point on the **leech** equidistant from the **head point** and the **half leech point**.

G.5.4 Seven-Eighths Leech Point
The point on the **leech** equidistant from the **head point** and the **three-quarter leech point**.

G.5.5 Upper Leech Point
The point on the **leech** a specified distance from the **head point**.

G.5.6 Aft Head Point
MAINSAIL and HEADSAIL: The intersection of the **leech** extended as necessary and the line through the **head point** at 90° to the **luff**.

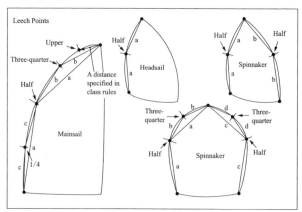

G.5 帆的其他丈量点

G.5.1 1/4 后缘丈量点

后缘上的一点，其到**后角丈量点**和 **1/2 后缘丈量点**的距离相等。

G.5.2 1/2 后缘丈量点

后缘上的一点，其到**帆顶丈量点**和**后角丈量点**的距离相等。

G.5.3 3/4 后缘丈量点

后缘上的一点，其到**帆顶丈量点**和 **1/2 后缘丈量点**的距离相等。

G.5.4 7/8 后缘丈量点

后缘上的一点，其到**帆顶丈量点**和 **3/4 后缘丈量点**的距离相等。

G.5.5 后缘上部丈量点

后缘上的一点，与**帆顶丈量点**间有指定的距离。

G.5.6 后帆顶丈量点

主帆和前帆：**后缘**（若必要可延伸）和通过**帆顶丈量点**到**前缘**的垂线的交点。

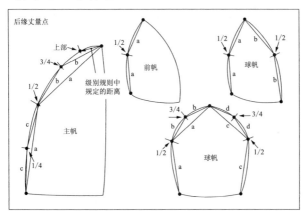

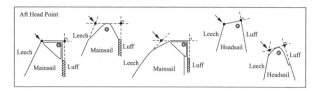

G.5.7 Quarter Luff Point

The point on the **luff** equidistant from the **half luff point** and the **tack point**.

G.5.8 Half Luff Point

The point on the **luff** equidistant from the **head point** and the **tack point**.

G.5.9 Three-Quarter Luff Point

The point on the **luff** equidistant from the **head point** and the **half luff point**.

G.5.10 Seven-Eighths Luff Point

The point on the **luff** equidistant from the **head point** and the **three-quarter luff point**.

G.5.11 Upper Luff Point

The point on the **luff** a specified distance from the **head point**.

G.5.12 Mid Foot Point

The point on the **foot** equidistant from the **tack point** and the **clew point**.

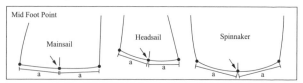

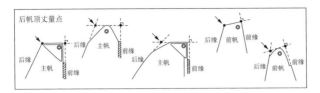

G.5.7 1/4 前缘丈量点

前缘上的一点,其到 **1/2 前缘丈量点**和**前角丈量点**的距离相等。

G.5.8 1/2 前缘丈量点

前缘上的一点,其到**帆顶丈量点**和**前角丈量点**的距离相等。

G.5.9 3/4 前缘丈量点

前缘上的一点,其到**帆顶丈量点**和 **1/2 前缘丈量点**的距离相等。

G.5.10 7/8 前缘丈量点

前缘上的一点,其到**帆顶丈量点**和 **3/4 前缘丈量点**的距离相等。

G.5.11 前缘上部丈量点

前缘上的一点,与**帆顶丈量点**间有指定的距离。

G.5.12 底边中点

底边上的一点,其到**前角丈量点**和**后角丈量点**的距离相等。

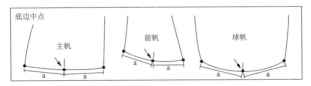

G.6 SAIL REINFORCEMENT

G.6.1 Primary Reinforcement

An unrestricted number of additional layers of **ply** of permitted material:

- at a corner
- at a adjustment point
- at a reefing point adjacent to the **luff**
- at a reefing point adjacent to the **leech**
- at a **sail** recovery point
- where permitted by the **class rules**

G.6.2 Secondary Reinforcement

Not more than two additional layers of **ply** of permitted material each not thicker than the maximum thickness of the **ply** of the **body of the sail**:

- at a corner
- at an adjustment point
- at a reefing point
- at a **sail** recovery point
- to form a **flutter patch**
- to form a **chafing patch**
- to form a **batten pocket patch**
- where permitted by the **class rules**

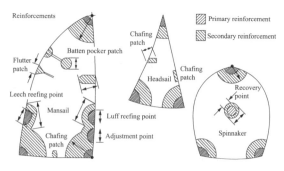

G.6 帆的加固

G.6.1 基本加固

以下部位，使用所允许材料的**帆料**附加层数不受限制：

位于帆角

位于调整节点

位于毗邻**前缘**的缩帆点

位于毗邻**后缘**的缩帆点

位于**帆**的修补处

级别规则允许的地方

G.6.2 次级加固

以下部位，使用所允许材料的**帆料**附加层数不能超过两层，且每一层的厚度不得超过**帆的主体**所用**帆料**的最大厚度：

位于帆角

位于调整节点

位于缩帆点

位于**帆**的修补处

风向线的补丁

摩擦点的补丁

帆骨袋的补丁

级别规则允许的地方

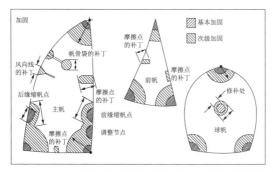

G.6.3 Tabling
Additional **ply** and/or folded **ply** overlap(s) at a **sail edge**.

G.6.4 Batten Pocket Patch
Secondary reinforcement at an end of a **batten pocket**.

G.6.5 Chafing Patch
Secondary reinforcement where a **sail** can touch a **spreader**, stanchion, **shroud** or **spinnaker pole**.

G.6.6 Flutter Patch
Secondary reinforcement on the **leech** or the **foot** at the end of a **seam**.

G.7 PRIMARY SAIL DIMENSIONS
See H.5.

G.7.1 Foot Length
The distance between the **clew point** and the **tack point**.

G.7.2 Leech Length
The distance between the **head point** and the **clew point**.

G.7.3 Luff Length
The distance between the **head point** and the **tack point**.

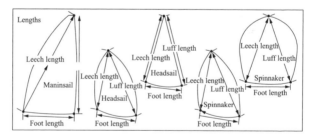

G.6.3 贴边

帆边上附加的**帆料**和/或**帆料**重叠。

G.6.4 帆骨袋的补丁

帆骨袋末端的**次级加固**。

G.6.5 摩擦点的补丁

帆触及**撑臂**、护舷栏支柱、**侧支索**或**球帆杆**处的**次级加固**。

G.6.6 风向线的补丁

后缘或**底边**缝合处末端的**次级加固**。

G.7 帆的基本参数

参见 H.5。

G.7.1 底边长度

后角丈量点与**前角丈量点**之间的距离。

G.7.2 后缘长度

帆顶丈量点与**后角丈量点**之间的距离。

G.7.3 前缘长度

帆顶丈量点与**前角丈量点**之间的距离。

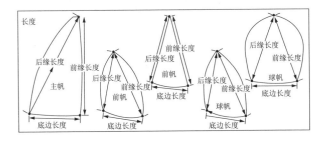

G.7.4 Quarter Width
  (a) MAINSAIL and HEADSAIL: The shortest distance between the **quarter leech point** and the **luff**.
  (b) SPINNAKER: The distance between the **quarter luff point** and the **quarter leech point**.

G.7.5 Half Width
  (a) MAINSAIL and HEADSAIL: The shortest distance between the **half leech point** and the **luff**.
  (b) SPINNAKER: The distance between the **half luff point** and the **half leech point**.

G.7.6 Three-Quarter Width
  (a) MAINSAIL and HEADSAIL: The shortest distance between the **three-quarter leech point** and the **luff**.
  (b) SPINNAKER: The distance between the **three-quarter luff point** and **three-quarter leech point**.

G.7.7 Seven-Eighths Width
  (a) MAINSAIL and HEADSAIL: The shortest distance between the **seven-eighths leech point** and the **luff**.
  (b) SPINNAKER: The distance between the **seven-eighths leech point** and the **seven-eighths luff point**.

G.7.8 Upper Width
  (a) MAINSAIL and HEADSAIL: The shortest distance between the **upper leech point** and the **luff**.
  (b) SPINNAKER: The distance between the **upper luff point** and the **upper leech point**.

G.7.4 1/4 宽度

（a）主帆和前帆：**1/4 后缘**丈量点与**前缘**间的最短距离。

（b）球帆：**1/4 前缘**丈量点与 **1/4 后缘**丈量点之间的距离。

G.7.5 1/2 宽度

（a）主帆和前帆：**1/2 后缘**丈量点与**前缘**间的最短距离。

（b）球帆：**1/2 前缘**丈量点与 **1/2 后缘**丈量点之间的距离。

G.7.6 3/4 宽度

（a）主帆和前帆：**3/4 后缘**丈量点与**前缘**间的最短距离。

（b）球帆：**3/4 前缘**丈量点与 **3/4 后缘**丈量点之间的距离。

G.7.7 7/8 宽度

（a）主帆和前帆：**7/8 后缘**丈量点与**前缘**间的最短距离。

（b）球帆：**7/8 前缘**丈量点与 **7/8 后缘**丈量点之间的距离。

G.7.8 上部宽度

（a）主帆和前帆：**后缘上部**丈量点与**前缘**间的最短距离。

（b）球帆：**前缘上部**丈量点与**后缘上部**丈量点之间的距离。

G.7.9 Top Width

(a) MAINSAIL and HEADSAIL: The distance between the **head point** and the **aft head point**.

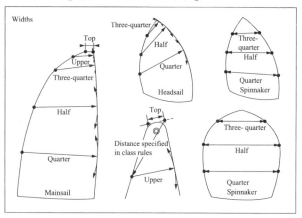

G.7.10 Diagonals

(a) CLEW DIAGONAL: The distance between the **clew point** and the **half luff point**.

(b) TACK DIAGONAL: The distance between the **tack point** and the **half leech point**.

G.7.11 Foot Median

The distance between the **head point** and the **mid foot point**.

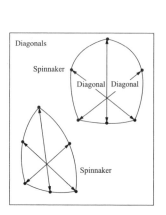
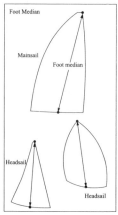

G.7.9 顶部宽度

（a）主帆和前帆：**帆顶丈量点**和**后帆顶丈量点**之间的距离。

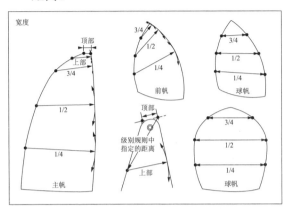

G.7.10 对角线

（a）后角对角线：**后角丈量点**与 **1/2 前缘丈量点**之间的距离。

（b）前角对角线：**前角丈量点**与 **1/2 后缘丈量点**之间的距离。

G.7.11 底边中线

帆顶丈量点和**底边中点**间的距离。

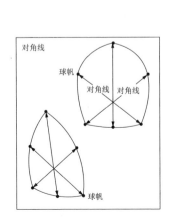
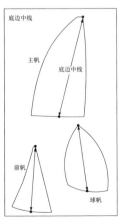

G.7.12 Luff Perpendicular

The shortest distance between the **clew point** and the **luff**.

G.8 OTHER SAIL DIMENSIONS

See H.5.

G.8.1 Batten Pocket Length

(a) INSIDE: The greatest distance between the **sail edge** and the internal extreme end of the **batten pocket**, measured parallel to the pocket centreline. The effect of any elastic or other retaining device and any local widening for batten insertion shall be ignored.

(b) OUTSIDE: The greatest distance between the **sail edge** and the external extreme end of the **batten pocket**, measured parallel to the pocket centreline. The effect of any local widening for batten insertion shall be ignored.

G.8.2 Batten Pocket Width

(a) INSIDE: The greatest distance between inside edges of the **batten pocket** measured at 90° to pocket centreline. Local widening for batten insertion shall be ignored.

(b) OUTSIDE: The greatest distance between the outside edges of the **batten pocket** measured at 90° to the pocket centreline. Local widening for batten insertion shall be ignored.

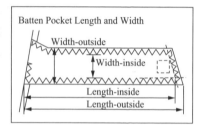

G.7.12 前缘垂线

后角丈量点与前缘间的最短距离。

G.8 帆的其他参数

参见 H.5。

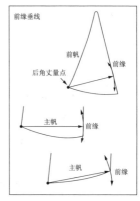

G.8.1 帆骨袋长度

（a）内部：**帆边**与**帆骨袋**内部最末端之间的最大距离，依照口袋的中心线平行丈量。需忽略所有有弹性或其他固定装置以及由帆骨插入导致的局部加宽的影响。

（b）外部：**帆边**与**帆骨袋**外部最末端之间的最大距离，依照口袋的中心线平行测量。需忽略由帆骨插入导致的局部加宽的影响。

G.8.2 帆骨袋宽度

（a）内部：与口袋中心线成 90° 的**帆骨袋**内部边缘之间的最大距离。需忽略由帆骨插入导致的局部加宽。

（b）外部：与口袋中心线成 90° 的**帆骨袋**外部边缘之间的最大距离。需忽略由帆骨插入导致的局部加宽。

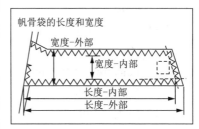

G.8.3 Foot Irregularity

The maximum distance between the edges of the **foot** when first the **tack point** and then the **clew point** are superimposed on any part of the **foot**.

G.8.4 Reinforcement Size

(a) AT A CORNER: The greatest distance measured from the **sail corner measurement point**.

(b) TABLING WIDTH: The width of **tabling** measured at 90° to the **sail edge**.

(c) ELSEWHERE: The greatest dimension of the **sail reinforcement**.

G.8.5 Seam Width

The width of a **seam** measured at 90° to the **seam**.

G.8.6 Dart Width

The width of a **dart** measured at 90° to the **dart** centreline.

G.8.7 Tuck Width

The width of a **tuck** measured at 90° to the **tuck** centreline.

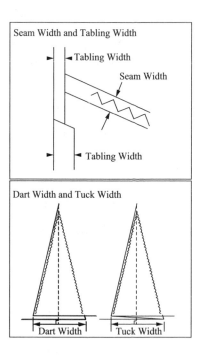

G.8.3 不规则底边

当**前角丈量点**和**后角丈量点**先后重叠在**底边**的任意位置上时**底边**边缘间的最大距离。

G.8.4 加固部分的尺寸

（a）帆角处：自**帆角丈量点**量得的最大距离。

（b）贴边宽度：与**帆边**成 90° 量得的**贴边**宽度。

（c）其他部分：**帆的加固物**的最大尺寸。

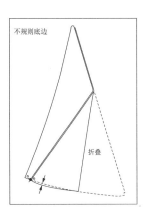

G.8.5 缝合处宽度

与**缝合处**成 90° 量得的**缝合处**宽度。

G.8.6 缝褶宽度

与**缝褶**中心线成 90° 量得的**缝褶**宽度。

G.8.7 褶宽

与**褶**的中心线成 90° 量得的**褶**的宽度。

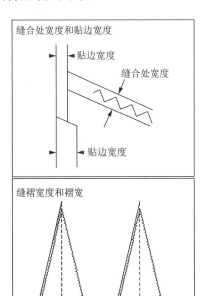

G.8.8 Attachment Size

(a) AT A CORNER OR AN EDGE

　　(i) LENGTH

　　　AT THE HEAD: The dimension from the **head point** along the **luff** or its extension to a line through the highest point of the **attachment** at 90º to the **luff**.

　　　AT THE TACK: The dimension from the **tack point** along the **luff** or its extension to a line through the lowest point of the **attachment** at 90º to the **luff**.

　　　AT THE CLEW: The greatest dimension from the **clew point**.

　　　AT AN EDGE: The greatest dimension from the **sail edge**.

　　(ii) WIDTH

　　　The greatest dimension measured perpendicular to the length.

(b) ELSEWHERE

　　The greatest dimension of the **attachment**.

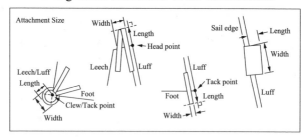

G.8.9 Window Ply Area

The area of the **window ply**.

G.8.10 Window Area

The **window ply area** excluding **seams**.

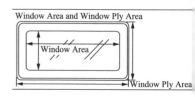

G.8.8 附属物尺寸

（a）帆角或边缘处

（i）长度

帆顶处：自**帆顶丈量点**沿着**前缘**或其延长线到自**附属物**最高点向**前缘**的垂线的尺寸。

前角处：自**前角丈量点**沿着**前缘**或其延长线到自**附属物**最低点向**前缘**的垂线的尺寸。

后角处：自**后角丈量点**的最大尺寸。

边缘处：自**帆边**的最大尺寸。

（ii）宽度

垂直于长度量得的最大尺寸。

（b）其他部位

附属物的最大尺寸。

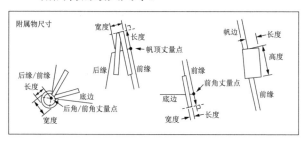

G.8.9 帆窗帆料面积

帆窗帆料的面积。

G.8.10 帆窗面积

除去**缝合处**的**帆窗帆料**的面积。

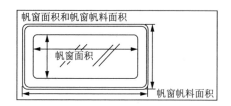

Subsection B – Additions for Other Sails

The following definitions for non-trilateral sails are additional to or vary those given in Subsection A of this Section.

G.2 SAIL EDGES

G.2.5 Head

The top edge.

G.3 SAIL CORNERS

G.3.4 Peak

The region where the **head** and the **leech** meet.

G.3.5 Throat

The region where the **head** and the **luff** meet.

G.4 SAIL CORNER MEASUREMENT POINTS

G.4.4 Peak Point

The intersection of the **head** and **leech**, each extended as necessary.

G.4.5 Throat Point

The intersection of the **head** and **luff**, each extended as necessary.

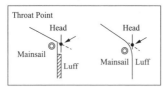 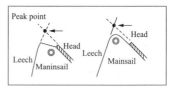

G.5 OTHER SAIL MEASUREMENT POINTS

G.5.2 Half Leech Point

The point on the leech equidistant from the **peak point** and the **clew point**.

G.5.3 Three-Quarter Leech Point

The point on the **leech** equidistant from the **peak point** and the **half leech point**.

B 小节　其他帆的补充

以下对非三角帆的定义是对 A 小节中此部分的补充和区别。

G.2　帆边

G.2.5 帆的上缘

帆的上边缘。

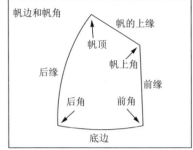

G.3　帆角

G.3.4 帆顶

帆的上缘和后缘的相交部位。

G.3.5 帆上角

帆的上缘和前缘的相交部位。

G.4　帆角丈量点

G.4.4 帆顶丈量点

帆的上缘和后缘的交点,若必要两者均可延伸。

G.4.5 帆上角丈量点

帆的上缘和前缘的交点,若必要两者均可延伸。

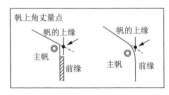 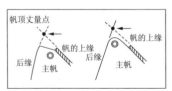

G.5　帆的其他丈量点

G.5.2 1/2 后缘丈量点

后缘上的一点,到帆顶丈量点和后角丈量点的距离相等。

G.5.3 3/4 后缘丈量点

后缘上的一点,到帆顶丈量点和 1/2 后缘丈量点的距离相等。

G.5.4 Seven-Eighths Leech Point
The point on the **leech** equidistant from the **peak point** and the **three-quarter leech point**.

G.5.5 Upper Leech Point
The point on the **leech** a specified distance from the **peak point**.

G.5.8 Half Luff Point
The point on the **luff** equidistant from the **throat point** and the **tack point**.

G.5.9 Three-Quarter Luff Point
The point on the **luff** equidistant from the **throat point** and the **half luff point**.

G.5.10 Seven-Eighths Luff Point
The point on the **luff** equidistant from the **throat point** and the **three-quarter luff point**.

G.7 PRIMARY SAIL DIMENSIONS
See H.5.

G.7.2 Leech Length
The distance between the **peak point** and the **clew point**.

G.7.3 Luff Length
The distance between the **throat point** and the **tack point**.

Lengths and Foot Median

- Head length
- Leech length
- Foot median
- Diagonal
- Luff length
- Foot length

G.7.10 Diagonals

(a) CLEW DIAGONAL

The distance between the **clew point** and the **throat point**.

(b) TACK DIAGONAL

The distance between the **tack point** and the **peak point**.

G.5.4 7/8 后缘丈量点

后缘上的一点,到**帆顶丈量点**和 **3/4 后缘丈量点**的距离相等。

G.5.5 后缘上部丈量点

后缘上的一点,与**帆顶丈量点**之间有指定的距离。

G.5.8 1/2 前缘丈量点

前缘上的一点,到**帆上角丈量点**和**前角丈量点**的距离相等。

G.5.9 3/4 前缘丈量点

前缘上的一点,到**帆上角丈量点**和 **1/2 前缘丈量点**的距离相等。

G.5.10 7/8 前缘丈量点

前缘上的一点,到**帆上角丈量点**和 **3/4 前缘丈量点**的距离相等。

G.7 帆的主要参数

参见 H.5。

G.7.2 后缘长度

帆顶丈量点与**后角丈量点**之间的距离。

G.7.3 前缘长度

帆上角丈量点与**前角丈量点**之间的距离。

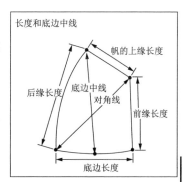

G.7.10 对角线

(a) 后角对角线

后角丈量点与**帆上角丈量点**之间的距离。

(b) 前角对角线

前角丈量点与**帆顶丈量点**之间的距离。

G.7.11 Foot Median

The distance between the **peak point** and the **mid foot point**.

G.7.12 Head Length

The distance between the **peak point** and the **throat point**.

G.7.11 底边中线

帆顶丈量点与底边中点之间的距离。

G.7.12 帆的上缘长度

帆顶丈量点与帆上角丈量点之间的距离。

PART 3 – RULES GOVERNING EQUIPMENT CONTROL AND INSPECTION

Section H – Equipment Control and Inspection

H.1 CERTIFICATION CONTROL

H.1.1 An **official measurer** shall not carry out **certification control** of any part of a **boat** owned, designed or built by himself, or in which he is an interested party, or has a vested interest, except where permitted by the MNA or World Sailing for In-House Certification.

H.1.2 If an **official measurer** is in any doubt as to the application of, or compliance with, the **class rules** he shall consult the **certification authority** before signing a certification control form or applying a **certification mark**.

H.1.3 An **official measurer** shall only carry out **certification control** in another country with the prior agreement of the MNA for that country.

H.2 EQUIPMENT INSPECTION

H.2.1 If an **equipment inspector** is in any doubt as to the application of, or compliance with, the **class rules**, the question should be referred to the **class rules authority**.

H.3 MEASUREMENT AXES

H.3.1 For a **boat**, unless otherwise specified, words such as "fore", "aft", "above", "below", "height", "depth", "length", "beam", "freeboard", "inboard" and "outboard" shall be taken to refer to the **boat** in **measurement trim**. All measurements denoted by these, or similar words, shall be taken parallel to one of the three **major axes**.

第三章 器材管控和检查执行的规则

H 节 器材管控和检查

H.1 证书管控

H.1.1 除非是 MNA 或世界帆联认可的厂内认证，**官方丈量员**不得对其自己拥有、设计或建造的**船**的任何部分进行**证书管控**，该丈量员也不得成为这条船的利益相关方或拥有其既得利益。

H.1.2 如果**官方丈量员**对**级别规则**的应用和遵守有任何疑问，他需在签署证书管控表或贴上**认证标记**前咨询**证书管理机构**。

H.1.3 官方丈量员只能在获得另一个国家的 MNA 事先同意的情况下，才能在那个国家进行**证书管控**。

H.2 器材检查

H.2.1 如果**器材检查员**对**级别规则**的应用和遵守有任何疑问，问题应提交至**级别规则管理机构**。

H.3 丈量轴线

H.3.1 对于**船**，除非另有规定，否则类似于"前""后""之上""之下""高度""深度""长度""宽幅""干舷""舷内""舷外"这些词需被应用于**丈量调校**状态下的**船**。所有这些词或与这些类似的词所表示的丈量都需与三条**主轴线**之一平行。

H.3.2 For a component, unless otherwise specified, width, thickness, length etc. shall be measured as appropriate for that component, if relevant without reference to the **major axes**.

H.3.3 Unless otherwise specified, measurements shall be the shortest distance between the measurement points.

H.3.4 Unless otherwise specified, longitudinal measurements shall be taken parallel to the longitudinal **major axis**.

H.4 RIG MEASUREMENT

H.4.1 Measurements in the length direction shall be taken along the **spar** at the side relevant for the measurement and between sectional planes through the measurement points at 90° to the **spar** at each point.

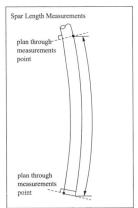

H.4.2 Fittings, local curvature and local cut away, shall be ignored when measuring a **spar** or dimensions taken to a **spar**.

H.4.3 No external pressure shall be applied to a **spar** when measuring unless specifically prescribed.

H.4.4 Adjustable fittings shall be set in the position that gives the greatest value when the measurement is taken.

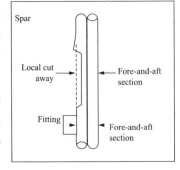

H.4.5 Mast spar deflection and **boom spar deflection** shall be checked with free ends of **rigging** not supported by the **spar**.

H.3.2 对于某个部件,如果不参考**主轴线**,其宽度、厚度和长度等的丈量需与该零件相适应,除非另有规定。

H.3.3 丈量所量得的数据需为丈量点之间的最短距离,除非另有规定。

H.3.4 纵向丈量需与纵向**主轴线**平行,除非另有规定。

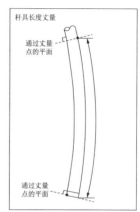

H.4 帆具的丈量

H.4.1 长度方向上的测量应沿着**杆具**与丈量相关的一侧,并且在丈量点与**杆具**成 90° 的每个点的剖面之间。

H.4.2 在丈量**杆具**或取**杆具**参数时,配件、局部曲率和局部凹陷需被忽略。

H.4.3 丈量时不得有外部压力作用于**杆具**,除非另有规定。

H.4.4 可调节的配件需在丈量时安装在其发挥最大价值的位置上。

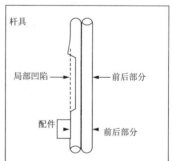

H.4.5 进行**桅杆杆具的偏曲**和**帆杆杆具的偏曲**检查时,其索具的自由端不得由该**杆具**所承载。

H.4.6 Mast tip weight shall be checked with any **halyards** fully hoisted and **rigging** tied to the **spar** at the **lower limit mark** with lower ends hanging free or resting on the ground.

H.4.7 Mast centre of gravity height shall be checked with any **halyards** fully hoisted and **rigging** pulled taut and tied to the **spar** as close to the **lower point** as possible.

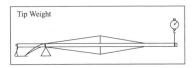
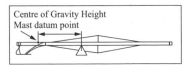

H.5 SAIL MEASUREMENT

H.5.1 Condition of the Sail

For measurement the **sail** shall:

(a) be dry,

(b) not be attached to **spars** or **rigging**,

(c) unless the **class rules** prescribe otherwise, have all battens removed,

(d) have pockets of any type flattened out,

(e) have just sufficient tension applied to remove wrinkles across the line of the measurement being taken,

(f) have only one measurement taken at a time and

(g) be weighed with all **attachments**.

H.4.6 检查**桅杆梢重**时，所有**升降索**需完全升起，**索具**需于**下部限制标记**处系在**杆具**上，较低的一端自由垂落或置于地上。

H.4.7 检查**桅杆重心高度**时，所有**升降索**需完全升起，**索具**需拉紧并尽可能地靠近**低点**处系于**杆具**上。

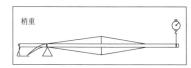
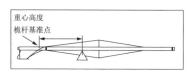

H.5 帆的丈量

H.5.1 帆的丈量条件

帆被丈量时，需：

（a）是干燥的，

（b）没有连接在**杆具**和**索具**上，

（c）取出所有帆骨，除非**级别规则**另有规定，

（d）所有类型的口袋都是平整的，

（e）将其充分拉紧，扯平丈量线上的褶皱，

（f）一次只进行一项丈量，且

（g）称重时要包括所有**附属物**。

H.5.2 Hollows in Sail Leeches

Where there is a **sail leech hollow** and a measurement point falls in the hollow:

> between adjacent **batten pockets**
> between the **aft head point** and adjacent **batten pocket**
> between the **clew point** and adjacent **batten pocket**
> at an **attachment**.

the **sail** shall be flattened out in the area of the **sail edge**, the **sail edge hollow** shall be bridged by a straight line and the shortest distance from the measurement point to the straight line shall be measured. This distance shall be added to the measurement being taken.

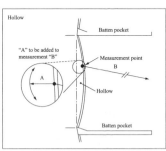

H.5.3 Excluding Attachments

Attachments at a **sail edge**, other than a bolt rope and **tabling**, shall be excluded when measuring.

H.5.4 Extended as Necessary

If there is local curvature and/or irregularity in the **sail edge** leading into a corner point, the extension of the **sail edge** shall be found as follows using a batten as specified in H.5.4(e):

(a) Hold the batten at its very ends with one end approximately where the **corner point** will be and the other end touching the **sail edge** being extended.

(b) Apply compression only to the batten to produce a uniform curve when required.

H.5.2 帆后缘凹陷

当有**帆后缘凹陷**且丈量点落在以下凹陷处时：

毗邻的**帆骨袋**之间；

后顶点与毗邻的**帆骨袋**之间；

前角丈量点与毗邻的**帆骨袋**之间；

附属物上。

帆的**帆边**区域需被展平，**帆边**凹陷需由一条直线桥接，并需测量从丈量点到直线的最短距离。此距离需加在正在丈量的数据上。

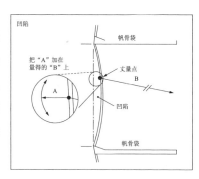

H.5.3 除去附属物

除了帆边绳和**贴边**，丈量时需除去**帆边**上的所有**附属物**。

H.5.4 必要时延伸

如果**帆边**上存在局部曲率和／或不规则的情况导致形成了帆角丈量点，需使用一根帆骨按照 H.5.4(e) 的规定进行延伸：

（a）将帆骨的两端中的一端大约固定在**帆角丈量点**，另一端触及到延伸的**帆边**。

（b）必要时，仅向帆骨施加压力以形成均匀的曲线。

(c) If the batten does not replicate the sail edge shape exactly, move the end of the batten at the **corner** away from **sail** until the longest possible length of the batten touches the **sail edge**.

(d) Where this technique does not provide a repeatable **corner point**, ERS H.1.2 shall apply.

(e) Battens shall be of a specification approved by World Sailing unless otherwise specified in class rules.

(f) Class Rules may vary ERS H.5.4.

H.6 CHECKING MATERIALS

Unless specifically prescribed by the **class rules**, materials are not subject to **certification control**.

H.7 BOAT MEASUREMENT

H.7.1 Conditions for Weight and Flotation Measurement

The **boat** shall:

    be dry.

    be in compliance with the **class rules**.

Unless otherwise specified in the *rules*, any of the following shall be included:

rig including **spinnaker pole(s)**, **whisker poles** and/or jockey pole,

main sheet and **mizzen sheet**,

vang,

inboard engine or outboard engine in stowed position,

fitted berth cushions on board in their normal positions,

all permanent fixtures and fittings and items of accommodation.

(c) 如果帆骨没有准确地复制帆边的形状,把**帆角**处的帆骨的一端从**帆**上移开,直到帆骨的最大长度足以触及**帆边**。

(d) 当这种技术不能提供可复验的**帆角丈量点**时,ERS 的 H.1.2 适用。

(e) 除非级别规则另有规定,否则帆骨需为世界帆联允许的特定规格。

(f) 级别规则可以不同于 ERS 的 H.5.4。

H.6 材料检查

除非**级别规则**另有规定,否则材料不受制于**证书管控**。

H.7 船的丈量

H.7.1 重量和漂浮丈量的条件

船需:

是干燥的。

符合**级别规则**。

除非*规则*另有规定,否则以下所有列项都需包括在内:

帆具,包括**球帆杆、后帆角撑杆**和／或球帆缭外撑杆,

主缭绳和后桅帆缭绳,

斜拉器,

舱内机或处于收起位置的舷外机,

安装在船上的处于其正常位置的床铺垫,

所有永久性安装的装置、配件和寝具。

Unless otherwise specified in the *rules*, any of the following shall be excluded:
> **sails**,
>
> fuel, water, **variable ballast** or the content of any other tanks,
>
> gas bottles,
>
> portable safety equipment
>
> and all other unfitted or loose equipment.

除非*规则*另有规定,否则以下所有列项都不得包括在内:

帆,

油料、水、**可变压舱物**或其他盛有东西的罐子,

气瓶,

便携式安全装备,

以及其他所有非固定或松散的装备。

APPENDIX 1

The following rules in *The Racing Rules of Sailing* govern equipment, the use of equipment and changes to and compliance with **class rules**:

1	Safety
40	Personal Flotation Devices
42	Propulsion
43	Competitor Clothing and Equipment
45	Hauling Out; Making Fast; Anchoring
47	Limitations on Equipment and Crew
48	Fog Signals and Lights; Traffic Separation Schemes
49	Crew Position; Lifelines
50	Setting and Sheeting Sails
51	Movable Ballast
52	Manual Power
53	Skin Friction
54	Forestays and Headsail Tacks
55	Trash Disposal
64.3	Decisions on Protests Concerning Class Rules
77	Identification on Sails
78	Compliance with Class Rules; Certificates
80	Advertising
87	Changes to Class Rules

附录 1

以下《帆船竞赛规则》中的规则约束器材、器材的使用及**级别规则**的更改与遵守：

1 安全

40 个人漂浮装备

42 推进

43 选手的服装与装备

45 拖船上岸；系留；抛锚

47 装备和船员的限制

48 雾中信号与灯光；分道通航制

49 船员位置；安全护栏

50 升帆与调帆

51 可移动的压舱物

52 人力

53 船的表面摩擦

54 前支索和前帆前下角

55 垃圾处理

64.3 涉及级别规则抗议的裁决

77 帆上识别标志

78 遵守级别规则；证书

80 广告

87 级别规则的更改

Note that racing rule 86.1 permits some of these racing rules to be changed by prescriptions of a national authority, sailing instructions or class rules.

The World Sailing Advertising Code (World Sailing Regulation 20) and Appendices G and H of the racing rules are made applicable by racing rules 80, 77 and 43 respectively. That code and those appendices contain rules governing equipment. Certain rules in the *International Regulations for Preventing Collisions at Sea (IRPCAS)* or applicable government rules are made applicable by racing rule 48, and certain specifications in the *World Sailing Offshore Special Regulations* are made applicable by racing rule 49.

注意：竞赛规则 86.1 允许这些竞赛规则中的某些可以根据国家管理机构、航行细则或级别规则的规定更改。

世界帆联广告守则（世界帆联规章 20）和竞赛规则的附录 G 和 H 分别适用于竞赛规则 88、77 和 43。器材受该守则和那些附录所包含的规则的制约。《国际海上避碰规则》（IRPCAS）中的某些规则或使用的管理规则适用于竞赛规则 48，《世界帆联离岸赛特别规则》中的某些规则适用于竞赛规则 49。

APPENDIX 2

Abbreviations for primary sail dimensions:

	ERS Rule Reference	**Dimension**	**Abbreviation**
Mainsail	G.7.4 (a)	Mainsail Quarter Width	MQW
	G.7.5 (a)	Mainsail Half Width	MHW
	G.7.6 (a)	Mainsail Three Quarter Width	MTW
	G.7.8 (a)	Mainsail Upper Width	MUW
	G.7.9 (a)	Mainsail Top Width	MHB
Headsail	G.7.3	Headsail Luff Length	HLU
	G.7.4 (a)	Headsail Quarter Width	HQW
	G.7.5 (a)	Headsail Half Width	HHW
	G.7.6 (a)	Headsail Three Quarter Width	HTW
	G.7.8 (a)	Headsail Upper Width	HUW
	G.7.9 (a)	Headsail Top Width	HHB
	G.7.11	Headsail Luff Perpendicular	HLP
Spinnaker	G.7.3	Spinnaker Luff Length	SLU
	G.7.2	Spinnaker Leech Length	SLE
	G.7.1	Spinnaker Foot Length	SFL
	G.7.5 (b)	Spinnaker Half Width	SHW

附录 2

帆的主要参数的缩写：

	涉及的 ERS 规则	参数	缩写
主帆	G.7.4（a）	主帆 1/4 宽度	MQW
	G.7.5（a）	主帆 1/2 宽度	MHW
	G.7.6（a）	主帆 3/4 宽度	MTW
	G.7.8（a）	主帆上部宽度	MUW
	G.7.9（a）	主帆顶部宽度	MHB
前帆	G.7.3	前帆前缘长度	HLU
	G.7.4（a）	前帆 1/4 宽度	HQW
	G.7.5（a）	前帆 1/2 宽度	HHW
	G.7.6（a）	前帆 3/4 宽度	HTW
	G.7.8（a）	前帆上部宽度	HUW
	G.7.9（a）	前帆顶部宽度	HHB
	G.7.11	前帆前缘垂线	HLP
球帆	G.7.3	球帆前缘长度	SLU
	G.7.2	球帆后缘长度	SLE
	G.7.1	球帆底边长度	SFL
	G.7.5（b）	球帆 1/2 宽度	SHW

INDEX OF DEFINITIONS

Defined Term	Rule	Page
A		
Aft Head Point	G.5.6	37
Age Date	C.6.5(b)	40
Attachment	G.8.8	45
Attachments	G.1.4(o)	33
B		
Back Lines	F.1.7(b)(x)	19
Backstay	F.1.6(b)(ii)	17
Backstay Height	F.2.3(h)	22
Ballast	C.6.3(f)	7
Bar F.1.4(d)(vi)	F.1.4(d)(vi)	17
Batten Pocket	G.1.4(k)	33
Batten Pocket Length	G.8.1	43
Batten Pocket Patch	G.6.4	10
Batten Pocket Width	G.8.2	43
Bilge Keel	E.1.2(b)	12
Bilgeboard	E.1.2(i)	13
Boat	C.6.1	6
Boat Beam	C.6.4(b)	8
Boat Length	C.6.4(a)	8

Defined Term	Rule	Page
Boat Weight	C.6.4(h)	9
Body of the Sail	G.1.4(a)	32
Boom	F.1.4(b)	15
Boom Spar Cross Section	F.3.3(d)	28
Boom Spar Curvature	F.3.3(b)	27
Boom Spar Deflection	F.3.3(c)	27
Boom Weight	F.3.3(e)	28
Bowsprit	F.1.4(c)(i)	16
Bowsprit Inner Limit Mark	F.5.2(a)	29
Bowsprit Inner Point	F.5.1(a)	29
Bowsprit Outer Limit Mark	F.5.2(b)	29
Bowsprit Outer Point	F.5.1(b)	29

定义索引

被定义项	规则	页码
A		
后帆顶丈量点	G.5.6	37
船龄日期	C.6.5(b)	40
附属物尺寸	G.8.8	45
附属物	G.1.4(o)	33
B		
后绳	F.1.7(b)(x)	19
后支索	F.1.6(b)(ii)	17
后支索高度	F.2.3(h)	22
压舱物	C.6.3(f)	7
手把/操作把	F.1.4(d)(vi)	17
帆骨袋	G.1.4(k)	33
帆骨袋长度	G.8.1	43
帆骨袋的补丁	G.6.4	40
帆骨袋的宽度	G.8.2	43
船底龙骨	E.1.2(b)	12
可调式稳向板	E.1.2(i)	13
船	C.6.1	6
船宽	C.6.4(b)	8
船长	C.6.4(a)	8
船的重量	C.6.4(h)	9

被定义项	规则	页码
帆的主体	G.1.4(a)	32
帆杆	F.1.4(b)	15
帆杆杆具横截面	F.3.3(d)	28
帆杆杆具的曲度	F.3.3(b)	27
帆杆杆具的偏曲	F.3.3(c)	27
帆杆的重量	F.3.3(e)	28
船首撑杆	F.1.4(c)(i)	16
船首撑杆内端限制标记	F.5.2(a)	29
船首撑杆内端丈量点	F.5.1(a)	29
船首撑杆外端限制标记	F.5.2(b)	29
船首撑杆外端丈量点	F.5.1(b)	29

Defined Term	Rule	Page
Bowsprit Point Distance	F.5.3(a)	29
Bowsprit Spar Cross Section	F.5.3(b)	29
Bowsprit Weight	F.5.3(c)	29
Bulb	E.1.2(e)	12
Bumpkin	F.1.4(c)(ii)	16
C		
Canting Keel	E.1.2(c)	12
Centreboard	E.1.2(g)	13
Certificate	C.3.3	4
Certification Authority	C.3.1	4
Certification Mark	C.3.4	4
Certification Control	C.4.2	4
Certify/ Certification	C.3.2	4
Chafing Patch	G.6.5	40
Checkstay	F.1.7(b)(iv)	19
Checkstay Height	F.2.3(i)	22

Defined Term	Rule	Page
Class Authority	C.1.1	3
Class Rules	C.2.1	3
Class Rules Authority	C.2.4	4
Clew	G.3.1	4
Clew Diagonal (trilateral sails)	G.7.10(a)	42
Clew Diagonal (other sails)	G.7.10(a)[*1]	42
Clew Point	G.4.1	35
Closed Class Rules	C.2.2	34
Corrector Weight	C.6.3(f)(v)	8
Crew	C.5.1	5
Cutter Rig	F.1.2(c)	14
D		
Daggerboard	E.1.2(h)	13
Dart	G.1.4(i)	33
Dart Width	G.8.6	44
Diagonals (trilateral sails)	G.7.9	42

被定义项	规则	页码
船首撑杆丈量点距离	F.5.3（a）	29
船首撑杆杆具横剖面	F.5.3（b）	29
船首撑杆的重量	F.5.3（c）	29
水滴形状龙骨	E.1.2（e）	12
船尾撑杆	F.1.4（c）（ii）	16
C		
横摆式龙骨	E.1.2（c）	12
转动式稳向板	E.1.2（g）	13
证书	C.3.3	4
证书管理机构	C.3.1	4
认证标记	C.3.4	4
证书管控	C.4.2	4
证明	C.3.2	4
摩擦点的补丁	G.6.5	40
低位后支索	F.1.7（b）（iv）	19
低位后支索高度	F.2.3（i）	22
级别管理机构	C.1.1	3
级别规则	C.2.1	3
级别规则管理机构	C.2.4	4
后角	G.3.1	4

被定义项	规则	页码
后角对角线（三角形帆）	G.7.10（a）	42
后角对角线（其他帆）	G.7.10（a）[*1]	42
后角丈量点	G.4.1	35
封闭型级别规则	C.2.2	34
校正重物	C.6.3（f）（v）	8
船员	C.5.1	5
独桅纵帆船帆具	F.1.2（c）	14
D		
提拉式稳向板	E.1.2（h）	13
缝褶	G.1.4（i）	33
缝褶宽度	G.8.6	44
对角线（三角形帆）	G.7.9	42

Defined Term	Rule	Page
Double Luff Sail	G.1.4(g)	32
Draft	C.6.4(e)	8
E		
Event Limitation Mark	C.4.8	5
External Ballast	C.6.3(e)(ii)	7
Equipment Inspection	C.4.3	5
Equipment Inspector	C.4.6	5
F		
Fin	E.1.2(d)	12
Flotation Trim	C.6.3(c)	7
Flutter Patch	G.6.6	40
Flying Lines	F.1.7(b)(viii)	19
Foil	E.1.2(m)	13
Foot	G.2.1	34
Foot Irregularity	G.8.3	44
Foot Length	G.7.1	40
Foot Median (trilateral sails)	G.7.11	42

Defined Term	Rule	Page
Foot Median (other sails)	G.7.11[*1]	42
Foremast	F.1.4(a)(ii)	15
Foremast Sail	G.1.3(b)	31
Foremast Sail Boom	F.1.4(b)(i)	15
Forestay	F.1.7(a)(iii)	18
Forestay Height	F.2.3(f)	22
Foretriangle	F.1.8	19
Foretriangle Area	F.6.1(c)	30
Foretriangle Base	F.6.1(a)	30
Foretriangle Height	F.6.1(b)	30
Front Lines	F.1.7(b)(ix)	19
Fundamental Measurement	C.4.1	4
G		
Gaff	F.1.4(d)(iii)	17

被定义项	规则	页码
双前缘帆	G.1.4（g）	32
吃水深度	C.6.4（e）	8
E		
赛事限制标记	C.4.8	5
外置压舱物	C.6.3（f）（ii）	7
器材检查	C.4.3	5
器材检查员	C.4.6	5
F		
鳍板	E.1.2（d）	12
漂浮平衡	C.6.3（c）	7
风向线的补丁	G.6.6	40
飞绳	F.1.7（b）（vii）	19
水翼	E.1.2（m）	13
底边	G.2.1	34
不规则底边	G.8.3	44
底边长度	G.7.1	40
底边中线（三角形帆）	G.7.11	42
底边中线（其他帆）	G.7.11*1	42
前桅	F.1.4（a）（ii）	15
前桅帆	G.1.3（b）	31
前桅帆帆杆	F.1.4（b）（i）	15
前支索	F.1.7（a）（iii）	18

被定义项	规则	页码
前支索高度	F.2.3（f）	22
前三角区	F.1.8	19
前三角区面积	F.6.1（c）	30
前三角区底边	F.6.1（a）	30
前三角区高度	F.6.1（b）	30
前绳	F.1.7（b）（ix）	19
基本丈量	C.4.1	4
G		
斜桁	F.1.4（d）（iii）	17

Defined Term	Rule	Page
H		
Half Leech Point (trilateral sails)	G.5.2	37
Half Leech Point (other sails)	G.5.2 *1	37
Half Luff Point	G.5.7	38
Half Width	G.7.5	41
Halyard	F.1.7(b)(i)	18
Head (trilateral sails)	G.3.2	35
Head (other sails)	G.2.5 *1	
Head Length	G.7.12 *1	43
Head Point	G.4.2	36
Headsail	G.1.3(d)	32
Headsail Boom	F.1.4(b)(ii)	15
Headsail Hoist Height	F.2.3(k)	22
Heel Point	F.2.2(b)	20
Hull	D.1.1	10
Hull Appendage	E.1.1	12

Defined Term	Rule	Page
Hull Beam	D.3.2	11
Hull Datum Point	D.2.1	10
Hull Depth	D.3.3	11
Hull Length	D.3.1	11
Hull Spars	F.1.4(c)	16
Hull Weight	D.4.1	11
I		
In-house Official Measurer	C.4.5	5
Internal Ballast	C.6.3(e)(i)	7
K		
Keel	E.1.2(a)	12
Ketch Rig	F.1.2(d)	14
Kite	G.1.3(e)	32
Kite-Board	C.6.2(d)	6
L		
Laminated Ply	G.1.4(e)	32
Leech	G.2.2	34
Leech Length (trilateral sails)	G.7.2	40

被定义项	规则	页码		被定义项	规则	页码
H				**I**		
1/2 后缘丈量点（三角形帆）	G.5.2	37		厂内官方丈量员	C.4.5	5
1/2 后缘丈量点（其他帆）	G.5.2*1	37		内置压舱物	C.6.3（e）（i）	7
1/2 前缘丈量点	G.5.7	38		**K**		
1/2 宽度	G.7.5	41		龙骨	E.1.2（a）	12
升降索	F.1.7（b）（i）	18		双桅帆船帆具	F.1.2（d）	14
帆顶（三角形帆）	G.3.2	35		风筝	G.1.3（e）	32
帆顶（其他帆）	G.2.5*1			风筝板	C.6.2（d）	6
帆的上缘长度	G.7.12*1	43		**L**		
帆顶丈量点	G.4.2	36		多层帆料	G.1.4（e）	32
前帆	G.1.3（d）	32		后缘	G.2.2	34
前帆帆杆	F.1.4（b）（ii）	15		后缘长度（三角形帆）	G.7.2	40
前帆升起的高度	F.2.3（k）	22				
桅脚丈量点	F.2.2（b）	20				
船体	D.1.1	10				
船体附属物	E.1.1	12				
船体宽度	D.3.2	11				
船体基准点	D.2.1	10				
船体深度	D.3.3	11				
船体长度	D.3.1	11				
船体杆具	F.1.4（c）	16				
船体重量	D.4.1	11				

Defined Term	Rule	Page
Leech Length (other sails)	G.7.2 *1	40
Limit Mark	C.4.7	5
Limit Mark Width	F.1.9(a)(i)	20
List Angle	C.6.4(j)	9
Lower Limit Mark	F.2.1(a)	20
Lower Point	F.2.2(d)	20
Lower Point Height	F.2.3(b)	21
Luff	G.2.3	34
Luff Length (trilateral sails)	G.7.3	40
Luff Length (other sails)	G.7.3 *1	40
Luff Perpendicular	G.7.12	43
M		
Mainsail	G.1.3(a)	31
Mainsail Luff Mast Distance	F.2.3(d)	21
Main Boom	F.1.4(b)(iii)	16

Defined Term	Rule	Page
Mainmast	F.1.4(a)(i)	15
Major Axes	C.6.3(a)	7
Mast	F.1.4(a)	15
Mast Centre of Gravity Height	F.2.3(s)	25
Mast Datum Point	F.2.2(a)	20
Mast Length	F.2.3(a)	21
Mast Spar Cross Section	F.2.3(o)	24
Mast Spar Curvature	F.2.3(m)	23
Mast Spar Deflection	F.2.3(n)	23
Mast Spar Weight	F.2.3(p)	24
Mast Tip Weight	F.2.3(r)	25
Mast Weight	F.2.3(q)	24
Maximum Draft	C.6.4(g)	9
Measurement Trim	C.6.3(b)	7
Mid Foot Point	G.5.12	38
Minimum Draft	C.6.4(f)	8

被定义项	规则	页码
后缘长度（其他帆）	G.7.2*1	40
限制标记	C.4.7	5
限制标记宽度	F.1.9（a）（i）	20
横倾角	C.6.4（j）	9
下部限制标记	F.2.1（a）	20
低点	F.2.2（d）	20
低点高度	F.2.3（b）	21
前缘	G.2.3	34
前缘长度（三角形帆）	G.7.3	40
前缘长度（其他帆）	G.7.3*1	40
前缘垂线	G.7.12	43
M		
主帆	G.1.3（a）	31
主帆前缘桅杆距离	F.2.3（d）	21
主帆杆	F.1.4（b）（iii）	16
主桅杆	F.1.4（a）（i）	15
主轴线	C.6.3（a）	7
桅杆	F.1.4（a）	15
桅杆重心高度	F.2.3（s）	25
桅杆基准点	F.2.2（a）	20
桅杆长度	F.2.3（a）	21

被定义项	规则	页码
桅杆杆具横截面	F.2.3（o）	24
桅杆杆具的曲度	F.2.3（m）	23
桅杆杆具的偏差	F.2.3（n）	23
桅杆杆具的重量	F.2.3（p）	24
桅杆梢重	F.2.3（r）	25
桅杆重量	F.2.3（q）	24
最大吃水深度	C.6.4（g）	9
丈量调校	C.6.3（b）	7
底边中点	G.5.12	38
最小吃水深度	C.6.4（f）	8

Defined Term	Rule	Page	Defined Term	Rule	Page
Mizzen	G.1.3(c)	32	Personal Equipment	C.5.2	5
Mizzen Boom	F.1.4(b)(iv)	16			
Mizzen Mast	F.1.4(a)(iii)	15	Personal Flotation Device	C.5.3	6
Monohull	C.6.2(a)	6	Ply	G.1.4(b)	32
Movable Ballast	C.6.3(e)(iii)	8	Portable Equipment	C.6.5	9
Multihull	C.6.2(b)	6			
O			Primary Reinforcement	G.6.1	39
Official Measurer	C.4.4	5			
			Q		
Open Class Rules	C.2.3	3	Quarter Leech Point	G.5.1	37
Outhaul	F.1.7(b)(v)	19	Quarter Luff Point	G.5.6	37
Outer Limit Mark (boom)	F.3.2(a)	26			
			Quarter Width	G.7.4	41
Outer Limit Mark (bowsprit)	F.5.2(b)	29	**R**		
			Reinforcement Size	G.8.4	44
Outer Point	F.3.1(a)	26	Rig	F.1.1	14
Outer Point Distance	F.3.3(a)	26	Rigging	F.1.6	17
P			Rigging Point	F.2.3(e)	21
Peak	G.3.2	35			
Peak Point	G.4.2	36	Rudder	E.1.2(j)	13

被定义项	规则	页码
后桅	G.1.3（c）	32
后桅帆杆	F.1.4（b）（iv）	16
后桅桅杆	F.1.4（a）（iii）	15
单体船	C.6.2（a）	6
可移动压舱物	C.6.3（e）（iii）	8
多体船	C.6.2（b）	6
O		
官方丈量员	C.4.4	5
开放型级别规则	C.2.3	3
后拉索	F.1.7（b）（v）	19
外端限制标记（帆杆）	F.3.2（a）	26
外端限制标记（船首撑杆）	F.5.2（b）	29
外端丈量点	F.3.1（a）	26
外端丈量点距离	F.3.3（a）	26
P		
帆顶	G.3.2	35
帆顶丈量点	G.4.2	36
个人装备	C.5.2	5
个人漂浮装置	C.5.3	6
帆料	G.1.4（b）	32

被定义项	规则	页码
便携式装备	C.6.5	9
基本加固	G.6.1	39
Q		
1/4 后缘丈量点	G.5.1	37
1/4 前缘丈量点	G.5.6	37
1/4 宽度	G.7.4	41
R		
加固物尺寸	G.8.4	44
帆具	F.1.1	14
索具	F.1.6	17
索具丈量点	F.2.3（e）	21
舵	E.1.2（j）	13

Defined Term	Rule	Page
Running Backstay	F.1.7(b)(iii)	18
Running Rigging	F.1.7(b)	18
S		
Sail	G.1.1	31
Sail Corners (trilateral sails)	G.3	35
Sail Corners (other sails)	G.3*1	35
Sail Edge Shape	G.1.4(p)	34
Sail Edges (trilateral sails)	G.2	34
Sail Edges (other sails)	G.2*1	34
Sail Leech Hollow	G.2.4	34
Sail Opening	G.1.4(l)	33
Schooner Rig	F.1.2(f)	14
Seam	G.1.4(h)	33
Seam Width	G.8.5	44
Secondary Reinforcement	G.6.2	39

Defined Term	Rule	Page
Series Date	C.6.5(a)	9
Set Flying	G.1.2	31
Seven-Eighths Leech Point (trilateral sails)	G.5.4	37
Seven-Eighths Leech Point (other sails)	G.5.4*1	37
Seven-Eighths Luff Point (trilateral sails)	G.5.10	38
Seven-Eighths Luff Point (other sails)	G.5.10*1	38
Seven-Eighths Width	G.7.7	41
Sheer	D.1.3	10
Sheerline	D.1.2	10
Sheet	F.1.7(b)(vi)	19
Shroud	F.1.7(a)(i)	18
Shroud Height	F.2.3(g)	22

被定义项	规则	页码
活动后支索	F.1.7(b)(iii)	18
活动索具	F.1.7(b)	18
S		
帆	G.1.1	31
帆角(三角形帆)	G.3	35
帆角(其他帆)	G.3*¹	35
帆边形状	G.1.4(p)	34
帆边(三角形帆)	G.2	34
帆边(其他帆)	G.2*¹	34
帆后缘凹陷	G.2.4	34
帆的开口	G.1.4(l)	33
双桅纵帆船帆具	F.1.2(f)	14
缝合处	G.1.4(h)	33
缝合处宽度	G.8.5	44
次级加固	G.6.2	39
系列日期	C.6.5(a)	9
自由升挂的帆	G.1.2	31
7/8 后缘丈量点(三角形帆)	G.5.4	37
7/8 后缘丈量点(其他帆)	G.5.4*¹	37
7/8 前缘丈量点(三角形帆)	G.5.10	38
7/8 前缘丈量点(其他帆)	G.5.10*¹	38

被定义项	规则	页码
7/8 宽度	G.7.7	41
舷弧	D.1.3	10
舷弧线	D.1.2	10
缭绳	F.1.7(b)(vi)	19
侧支索	F.1.7(a)(i)	18
侧支索高度	F.2.3(g)	22

Defined Term	Rule	Page
Single-Ply Sail	G.1.4(f)	32
Skeg	E.1.2(f)	13
Skipper	C.5.2	5
Sloop Rig	F.1.2(b)	14
Soft Sail	G.1.4(c)	32
Spar	F.1.3	14
Spinnaker Guy	F.1.7(b)(vii)	19
Spinnaker Hoist Height	F.2.3(l)	23
Spinnaker Pole	F.1.4(d)(i)	16
Spinnaker Pole Fitting Height	F.2.4(b)(i)	26
Spinnaker Pole Fitting Projection	F.2.4(b)(ii)	26
Spinnaker Pole Length	F.4(a)	28
Spinnaker Pole Spar Cross Section	F.4(b)	28
Spinnaker Pole Weight	F.4(c)	28

Defined Term	Rule	Page
Spreader	F.1.5	17
Spreader Height	F.2.4(a)(ii)	25
Spreader Length	F.2.4(a)(i)	25
Sprit	F.1.4(d)(v)	17
Standing Rigging	F.1.7(a)	18
Stay	F.1.7(a)(ii)	18
Stiffening	G.1.4(n)	33
T		
Tabling	G.6.3	40
Tabling Width	G.8.4(b)	44
Tack	G.3.3	35
Tack Diagonal	G.7.10(b)	42
Tack Point	G.4.3	36
Three-Quarter Leech Point (trilateral sails)	G.5.3	37
Three-Quarter Leech Point (other sails)	G.5.3 [*1]	37

被定义项	规则	页码
单层帆	G.1.4(f)	32
导流尾鳍	E.1.2(f)	13
船长	C.5.2	5
单桅帆船帆具	F.1.2(b)	14
软帆	G.1.4(c)	32
杆具	F.1.3	14
球帆前缘	F.1.7(b)(vii)	19
球帆升起的高度	F.2.3(l)	23
球帆杆	F.1.4(d)(i)	16
球帆杆配件高度	F.2.4(b)(i)	26
球帆杆配件突出长度	F.2.4(b)(ii)	26
球帆杆长度	F.4(a)	28
球帆杆杆具横截面	F.4(b)	28
球帆杆重量	F.4(c)	28
撑臂	F.1.5	17
撑臂高度	F.2.4(a)(ii)	25
撑臂长度	F.2.4(a)(i)	25
桅横杆	F.1.4(d)(v)	17
固定索具	F.1.7(a)	18
支索	F.1.7(a)(ii)	18
加固材料	G.1.4(n)	33

被定义项	规则	页码
T		
贴边	G.6.3	40
贴边宽度	G.8.4(b)	44
前角	G.3.3	35
前角对角线	G.7.10(b)	42
前角丈量点	G.4.3	36
3/4后缘丈量点(三角形帆)	G.5.3	37
3/4后缘丈量点(其他帆)	G.5.3[*1]	37

Defined Term	Rule	Page
Three-Quarter Luff Point	G.5.8	38
Three-Quarter Width	G.7.6	41
Throat	G.3.5 *1	36
Throat Point	G.4.5 *1	36
Top Point	F.2.2(c)	20
Top Width	G.7.9	42
Trapeze	F.1.7(c)(i)	19
Trapeze Height	F.2.3(j)	22
Trim Tab	E.1.2(k)	13
Tuck	G.1.4(j)	33
Tuck Width	G.8.7	44
U		
Una Rig	F.1.2(a)	14
Upper Leech Point (trilateral sails)	G.5.5	37
Upper Leech Point (other sails)	G.5.5 *1	37
Upper Limit Mark	F.2.1(b)	20

Defined Term	Rule	Page
Upper Luff Point	G.5.11	38
Upper Point	F.2.2(e)	20
Upper Point Height	F.2.3(c)	21
Upper Width	G.7.8	41
V		
Variable Ballast	C.6.3(f)(iv)	8
W		
Waterline	C.6.3(d)	
Waterline Length	C.6.4(c)	
Waterplane	C.6.3(e)	
Wishbone Boom	F.1.4(b)(v)	
Whisker Pole	F.1.4(d)(ii)	
Whisker Pole Length	F.4(a)	
Whisker Pole Spar Cross Section	F.4(b)	
Whisker Pole Weight	F.4(c)	
Window	G.1.4(m)	

被定义项	规则	页码
3/4 前缘丈量点	G.5.8	38
3/4 宽度	G.7.6	41
帆上角	G.3.5*1	36
帆上角丈量点	G.4.5*1	36
桅顶丈量点	F.2.2（c）	20
顶部宽度	G.7.9	42
吊索	F.1.7（c）（i）	19
吊索高度	F.2.3（j）	22
水平鳍	E.1.2（k）	13
褶	G.1.4（j）	33
褶宽	G.8.7	44
U		
唯一帆具	F.1.2（a）	14
后缘上部丈量点（三角形帆）	G.5.5	37
后缘上部丈量点（其他帆）	G.5.5*1	37
上部限制标记	F.2.1（b）	20
前缘上部丈量点	G.5.11	38
上点	F.2.2（e）	20
上点高度	F.2.3（c）	21
上部宽度	G.7.8	41
V		
可变量压舱物	C.6.3（f）（iv）	8

被定义项	规则	页码
W		
水线	C.6.3（d）	7
水线长度	C.6.4（c）	8
水线面	C.6.3（e）	7
叉形帆杆	F.1.4（b）（v）	16
后帆角撑杆	F.1.4（d）（ii）	16
后帆角撑杆长度	F.4（a）	28
后帆角撑杆杆具横剖面	F.4（b）	28
后帆角撑杆的重量	F.4（c）	28
帆窗	G.1.4（m）	33

Defined Term	Rule	Page
Window Area	G.8.10	45
Window Ply Area	G.8.9	45
Windsurfer	C.6.2(c)	6
Wing	E.1.2(l)	13
Wingspan	C.6.4(i)	9
Woven Ply	G.1.4(d)	32
Y		
Yard	F.1.4(d)(v)	17
Yawl Rig 6	F.1.2(e)	14
[*1] See Section G, Subsection B – Additions for Other Sails		

被定义项	规则	页码
帆窗面积	G.8.10	45
帆窗帆料面积	G.8.9	45
帆板	C.6.2(c)	6
翼板	E.1.2(l)	13
翼展	C.6.4(i)	9
纺织帆料	G.1.4(d)	32
Y		
桅横杆	F.1.4(d)(v)	17
高低桅帆船帆具	F.1.2(e)	14
*1 见 G 节，B 小节—其他帆的补充		

图书在版编目(CIP)数据

帆船器材规则:2017—2020:汉英对照/世界帆船运动联合会编著.—青岛:中国海洋大学出版社,2019.9
ISBN 978-7-5670-2428-1

Ⅰ.①帆… Ⅱ.①世… Ⅲ.①帆船运动-体育器材-制造-规则-汉、英 Ⅳ.①TS952.6-65

中国版本图书馆 CIP 数据核字(2019)第 217767 号

出版发行	中国海洋大学出版社	
社　　址	青岛市香港东路 23 号	邮政编码　266071
出 版 人	杨立敏	
网　　址	http://pub.ouc.edu.cn	
电子信箱	2586345806@qq.com	
责任编辑	矫恒鹏	电　　话　0532-85902349
排版设计	青岛友一广告传媒有限公司	
印　　制	青岛国彩印刷股份有限公司	
版　　次	2019 年 10 月第 1 版	
印　　次	2019 年 10 月第 1 次印刷	
成品尺寸	140 mm ×210 mm	
印　　张	4.625	
字　　数	155 千	
印　　数	1~2 000	
定　　价	50.00 元	

发现印装质量问题,请致电 0532-88194567,由印刷厂负责调换